高等学校"十四五"规划教材
电子与信息工程系列

U0181212

DIGITAL SIGNAL PROCESSING LEARING GUIDE AND ANSWERS TO EXERCISES

数字信号处理学习与解题指导（第2版）

● 冀振元　高建军　编著

哈爾濱工業大學出版社
HITP　HARBIN INSTITUTE OF TECHNOLOGY PRESS

内容简介

本书是《数字信号处理基础及 MATLAB 实现》(冀振元主编)的配套教材。书中简要归纳了《数字信号处理基础及 MATLAB 实现》各章的基本内容和学习要点,并对全书的习题给出了详细的解答,且对部分习题提供了多种解法,最后给出了大量精选练习题及详细解答。

本书与《数字信号处理基础及 MATLAB 实现》教材内容相互补充,既具有普通习题解答的功能,又有助于读者深入理解数字信号处理理论和提高解决实际问题的能力。

本书可与《数字信号处理基础及 MATLAB 实现》配套使用,可供高等学校相关专业学生、教师和从事数字信号处理方面研究的科技人员参考。

图书在版编目(CIP)数据

数字信号处理学习与解题指导/冀振元,高建军编著. —2 版. —哈尔滨:哈尔滨工业大学出版社,2021.7

ISBN 978-7-5603-9476-3

Ⅰ.①数… Ⅱ.①冀… ②高… Ⅲ.①数字信号处理—高等学校—教学参考资料 Ⅳ.①TN911.72

中国版本图书馆 CIP 数据核字(2021)第 109093 号

电子与通信工程
图书工作室

策划编辑	许雅莹
责任编辑	李长波
封面设计	高永利
出版发行	哈尔滨工业大学出版社
社　　址	哈尔滨市南岗区复华四道街 10 号　邮编 150006
传　　真	0451－86414749
网　　址	http://hitpress.hit.edu.cn
印　　刷	哈尔滨市颉升高印刷有限公司
开　　本	787mm×1092mm　1/16　印张 12.5　字数 265 千字
版　　次	2017 年 10 月第 1 版　2021 年 7 月第 2 版
	2021 年 7 月第 1 次印刷
书　　号	ISBN 978-7-5603-9476-3
定　　价	28.00 元

第 2 版前言

PREFACE

本书是《数字信号处理基础及 MATLAB 实现》(冀振元主编)的学习指导与习题解答,可与《数字信号处理基础及 MATLAB 实现》配套使用,也可单独作为高等学校"数字信号处理"课程的教学与学习参考书。

数字信号处理是 21 世纪对科学和工程发展具有深远意义的一门技术,它的应用领域非常广泛,如通信、医学图像处理、雷达和声呐、地震、声学工程、石油勘探等。

《数字信号处理基础及 MATLAB 实现》共分 9 章,第 1 章数字信号处理概述,介绍了数字信号处理的研究对象、学科概貌、系统基本组成、特点、发展及应用等内容。第 2 章离散时间信号与系统,包括离散时间信号与系统的基本概念、卷积的性质和计算、信号的频域表示、抽样定理等内容。第 3 章研究了 Z 变换和 Z 反变换。第 4 章和第 5 章对离散傅里叶变换及其快速算法进行了研究。第 6 章和第 7 章分别讨论了 IIR 数字滤波器和 FIR 数字滤波器的相关内容。第 8 章介绍了 MATLAB 的基本使用方法和信号处理工具箱。第 9 章对数字信号处理的一些实际问题进行了讨论,对学生正确理解所学知识有很大的帮助。

通过对《数字信号处理基础及 MATLAB 实现》教材的学习可以使学生扎实掌握数字信号处理的基础知识;做大量典型习题有助于加深理解和巩固数字信号处理的基本理论知识,有利于提高分析问题和解决实际问题的能力;但正确求解习题要基于清楚的基本概念和正确的解题思路,这往往是初学者所缺少和容易感到困惑的,因此提供详细的习题解答就显得非常重要。

本书简要归纳了《数字信号处理基础及 MATLAB 实现》各章的基本内容和学习要点,并对全书的习题给出了详细的解答,且对部分习题提供了多种解法,对开拓学生的解题思路大有帮助。最后还给出了大量精选练习题及详细解答。

本书与《数字信号处理基础及 MATLAB 实现》内容相互补充,既具有普通习题解答的功能,又有助于读者深入理解数字信号处理理论和提高解决实际问题的能力。

本书撰写过程中汲取了多本国内外优秀教材、习题集、文献的精华,参考或引用了其中一些内容、例题和习题。在本书出版之际,谨向这些作者致以衷心的谢意!

由于作者水平有限,且撰写时间仓促,疏漏与不足之处在所难免,望读者批评指正,不胜感激!

作　者
2021 年 4 月

目　录

CONTENTS

第 1 章　绪论 ……………………………………………………………………… 1

　1.1　学习要点 …………………………………………………………………… 1

　　1.1.1　数字信号处理的研究对象 ……………………………………………… 1

　　1.1.2　数字信号处理的基本过程 ……………………………………………… 1

　　1.1.3　数字信号处理的学科概貌 ……………………………………………… 2

　　1.1.4　数字信号处理的特点 …………………………………………………… 2

　　1.1.5　信号与系统的分类 ……………………………………………………… 3

　　1.1.6　数字信号处理的发展及应用 …………………………………………… 3

第 2 章　离散时间信号与系统及其频域分析 ……………………………………… 4

　2.1　学习要点 …………………………………………………………………… 4

　　2.1.1　离散时间信号的定义 …………………………………………………… 4

　　2.1.2　几种常用的离散时间信号 ……………………………………………… 5

　　2.1.3　周期与非周期序列 ……………………………………………………… 5

　　2.1.4　对称序列 ………………………………………………………………… 6

　　2.1.5　用单位冲激序列来表示任意序列 ……………………………………… 7

　　2.1.6　序列的运算 ……………………………………………………………… 7

　　2.1.7　离散时间系统 …………………………………………………………… 7

　　2.1.8　卷积和的性质 …………………………………………………………… 9

　　2.1.9　卷积和的计算 …………………………………………………………… 9

　　2.1.10　线性常系数差分方程 ………………………………………………… 10

　　2.1.11　离散时间信号和系统的频域表示 …………………………………… 10

　　2.1.12　序列傅里叶变换的主要性质 ………………………………………… 11

　　2.1.13　连续时间信号的抽样 ………………………………………………… 13

　2.2　习题解答 …………………………………………………………………… 14

第 3 章　Z 变换及其在线性移不变系统分析中的应用 ………………………… 25

　3.1　学习要点 …………………………………………………………………… 25

　　3.1.1　Z 变换的定义及收敛域 ……………………………………………… 25

　　3.1.2　Z 反(逆)变换的解法 ………………………………………………… 27

　　3.1.3　Z 变换的基本性质 …………………………………………………… 27

3.1.4　频率响应与系统函数 ································· 28
　　　3.1.5　用系统函数的极点分布分析系统的因果性和稳定性 ············ 29
　　　3.1.6　用系统的零、极点分布分析系统的频率特性 ··············· 29
　　　3.1.7　利用 Z 变换求解差分方程 ························· 30
　　　3.1.8　结构图与信号流图 ····························· 30
　　3.2　习题解答 ··································· 31

第 4 章　离散傅里叶变换 ··························· 44
　4.1　学习要点 ···································· 44
　　　4.1.1　傅里叶变换的几种形式 ························· 44
　　　4.1.2　周期序列的离散傅里叶级数 ······················ 45
　　　4.1.3　离散傅里叶级数的性质 ························· 45
　　　4.1.4　周期卷积 ······························· 46
　　　4.1.5　离散傅里叶变换 ···························· 47
　　　4.1.6　Z 变换的抽样 ····························· 47
　　　4.1.7　离散傅里叶变换的性质 ························· 48
　　　4.1.8　循环卷积(圆周卷积和) ························ 49
　　　4.1.9　用循环卷积计算序列的线性卷积 ·················· 49
　4.2　习题解答 ···································· 49

第 5 章　DFT 的有效计算:快速傅里叶变换 ················ 56
　5.1　学习要点 ···································· 56
　　　5.1.1　基 2 时域抽选 FFT 的基本原理 ·················· 56
　　　5.1.2　基 2 时域抽选 FFT 的蝶形运算公式 ················ 57
　　　5.1.3　基 2 时域抽选 FFT 的其他形式 ·················· 59
　　　5.1.4　基 2 频域抽选快速傅里叶变换 ·················· 59
　　　5.1.5　逆离散傅里叶变换的快速算法 ·················· 60
　5.2　习题解答 ···································· 61

第 6 章　无限长冲激响应(IIR)数字滤波器结构与设计 ··········· 64
　6.1　学习要点 ···································· 64
　　　6.1.1　数字滤波器介绍 ···························· 64
　　　6.1.2　IIR 数字滤波器的网络结构 ···················· 65
　　　6.1.3　模拟滤波器的设计 ·························· 66
　　　6.1.4　冲激响应不变法设计 IIR 数字滤波器 ·············· 67
　　　6.1.5　双线性变换法设计 IIR 数字滤波器 ··············· 68
　　　6.1.6　IIR 数字滤波器的频率变换设计法 ··············· 69
　　　6.1.7　IIR 数字滤波器的直接设计法 ·················· 72
　6.2　习题解答 ···································· 72

第 7 章　有限长冲激响应(FIR)数字滤波器结构与设计 ········· 80
　7.1　学习要点 ···································· 80

7.1.1 FIR 数字滤波器的网络结构 ················· 80

7.1.2 线性相位 FIR 数字滤波器的条件和特点 ·········· 82

7.1.3 利用窗函数法设计 FIR 数字滤波器 ············ 84

7.1.4 利用频率抽样法设计 FIR 数字滤波器 ·········· 85

7.1.5 FIR 和 IIR 数字滤波器的比较 ··············· 86

7.2 习题解答 ·························· 88

第 8 章 MATLAB 简介及信号处理工具箱 ············· 94

8.1 学习要点 ························· 94

8.1.1 MATLAB 2012b (8.0)简介 ·············· 94

8.1.2 MATLAB 信号处理工具箱函数汇总 ·········· 95

第 9 章 数字信号处理实际问题的讨论 ·············· 97

9.1 学习要点 ························· 97

9.1.1 DFT 泄漏 ····················· 97

9.1.2 时域加窗 ····················· 98

9.1.3 频率分辨率及 DFT 参数的选择 ············ 98

9.1.4 补零技术 ····················· 99

9.1.5 基于快速傅里叶变换的实际频率确定 ·········· 99

9.1.6 实际使用 FFT 的一些问题 ············· 100

附录 精选题解 ························· 103

附1 离散时间信号与系统精选题解 ············· 103

附2 Z 变换精选题解 ·················· 122

附3 DFT 及 FFT 精选题解 ··············· 143

附4 数字滤波器精选题解 ················ 162

参考文献 ···························· 192

第 1 章

绪　　论

1.1　学习要点

本章主要内容：

(1)数字信号处理的研究对象。

(2)基本处理过程。

(3)两大理论基础。

(4)学科分支。

(5)数字信号处理的优缺点。

(6)数字信号处理的发展历史。

1.1.1　数字信号处理的研究对象

凡是用数字方法对信号进行滤波、变换、增强、压缩、估计、识别等都是数字信号处理的研究对象。

1.1.2　数字信号处理的基本过程

数字信号处理的基本过程如图 1.1 所示。

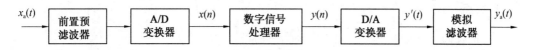

图 1.1　数字信号处理的基本过程

图 1.1 中各过程的波形示意图如图 1.2 所示。

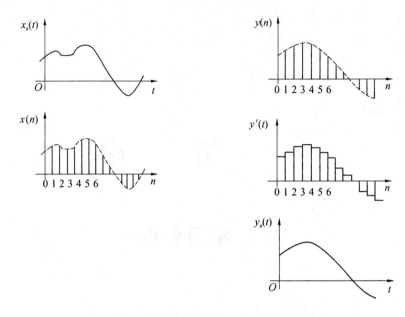

图 1.2　数字信号处理过程中的波形示意图

1.1.3　数字信号处理的学科概貌

1. 理论基础

(1)离散线性移不变系统理论。

(2)离散傅里叶变换。

2. 学科分支

(1)数字滤波。

(2)数字频谱分析。

1.1.4　数字信号处理的特点

1. 优点

(1)精度高。

(2)灵活性高。

(3)可靠性强。

(4)容易大规模集成。

(5)时分复用。

(6)可获得高性能指标。

(7)二维与多维处理。

2. 缺点

速度不高。

1.1.5　信号与系统的分类

1. 信号分类

(1)模拟信号。时间和幅度上都取连续值的信号。

(2)数字信号。时间和幅度上都取离散值的信号。

(3)连续时间信号。时间上取连续值的信号;幅度可以连续,也可离散。通常与模拟信号混同。

(4)离散时间信号。时间上取离散值,不考虑幅度是否离散的信号。

2. 系统分类

(1)模拟系统。输入输出均为模拟信号的系统。

(2)数字系统。输入输出均为数字信号的系统。

(3)连续时间系统。输入输出均为连续时间信号的系统。

(4)离散时间系统。输入输出均为离散时间信号的系统。

1.1.6　数字信号处理的发展及应用

数字信号处理的两大进展为:

(1)1965 年提出的快速傅里叶变换,使数字信号处理从概念到实现发生了重大转折。

(2)FIR 数字滤波器和 IIR 数字滤波器地位的相对变化。

从数字信号处理技术的实现上看,大规模集成电路技术是推动数字信号处理技术发展的重要因素。

数字信号处理已在生物医学工程、语音处理与识别、人工智能、雷达、声呐、遥感、通信、语音、图像处理等领域得到了广泛应用。

第 2 章

离散时间信号与系统及其频域分析

2.1 学习要点

本章主要内容：

(1)常用离散时间信号的定义和特点。

(2)序列的周期性和对称性。

(3)序列的运算。

(4)离散时间系统的定义和性质。

(5)卷积和的性质与计算方法。

(6)线性常系数差分方程。

(7)序列的傅里叶变换。

(8)抽样定理。

2.1.1 离散时间信号的定义

一个信号 $x(t)$，它可以代表一个实际的物理信号，也可以是一个数学函数。若 t 是定义在时间轴上的连续变量，则称 $x(t)$ 为连续时间信号。若 t 仅在时间轴的离散点上取值，则称 $x(t)$ 为离散时间信号，这时应将 $x(t)$ 改写为 $x(nT_s)$，T_s 表示相邻两个点之间的时间间隔，n 取整数，可以简记为 $x(n)$。

2.1.2　几种常用的离散时间信号

1. 单位冲激(单位抽样)序列 $\delta(n)$

$$\delta(n)=\begin{cases}1 & (n=0)\\ 0 & (n\neq 0)\end{cases} \tag{2.1}$$

2. 单位阶跃序列 $u(n)$

$$u(n)=\begin{cases}1 & (n\geqslant 0)\\ 0 & (n<0)\end{cases} \tag{2.2}$$

3. 单位斜变序列 $R(n)$

$$x(n)=nu(n)=R(n) \tag{2.3}$$

4. 矩形(截断)序列 $R_N(n)$

$$R_N(n)=\begin{cases}1 & (0\leqslant n\leqslant N-1)\\ 0 & (n\text{ 为其他值})\end{cases} \tag{2.4}$$

5. 实指数序列

$$x(n)=a^n u(n) \tag{2.5}$$

式中　a——实数。

6. 复指数序列

$$x(n)=\mathrm{e}^{(\sigma+\mathrm{j}\omega_0)n} \tag{2.6}$$

式中　ω_0——复正弦的数字域频率。

7. 正弦序列

$$x(n)=A\sin(\omega_0 n+\varphi) \tag{2.7}$$

式中　A——幅度；

　　　n——整数；

　　　ω_0——数字域角频率,表示序列变化的速率,或者说表示相邻两个序列值之间变化的弧度数,rad；

　　　φ——起始相位。

2.1.3　周期与非周期序列

如果对于某个正整数 N 和所有 n,使下式成立:

$$x(n)=x(n+N) \quad (-\infty<n<+\infty) \tag{2.8}$$

则称序列 $x(n)$ 为周期性序列。N 是满足式(2.8)的最小正整数。

一般正弦序列的周期性：$x(n) = A\sin(\omega_0 n + \varphi)$

那么

$$x(n + N) = A\sin[\omega_0(n + N) + \varphi] = A\sin(\omega_0 n + \omega_0 N + \varphi)$$

若 $\omega_0 N = 2\pi k$，k 为整数，则

$$x(n) = x(n + N)$$

这时正弦序列就是周期性序列，其周期满足 $N = \dfrac{2\pi k}{\omega_0}$（$N$、$k$ 必须为整数）。

判定其周期性有以下三种情况：

（1）当 $\dfrac{2\pi}{\omega_0}$ 为有理数且为整数时，则 $k = 1$ 时，$N = \dfrac{2\pi}{\omega_0}$ 为最小正整数，该正弦序列就是以 $\dfrac{2\pi}{\omega_0}$ 为周期的周期序列，其周期是 N。

（2）当 $\dfrac{2\pi}{\omega_0}$ 是有理数，但不是整数时，该正弦序列仍然是周期序列，但其周期不是 $\dfrac{2\pi}{\omega_0}$，而是 $\dfrac{2\pi}{\omega_0}$ 的整数倍。设 $\dfrac{2\pi}{\omega_0} = \dfrac{P}{Q}$，其中 P、Q 是互为素数的整数，此时正弦序列的周期是以 P 为周期的周期序列。

（3）当 $\dfrac{2\pi}{\omega_0}$ 是无理数时，此时的正弦序列不是周期序列。

由此看出，原本具有周期性的连续时间信号经等间隔抽样变成离散时间信号后不一定会保持原有的周期性。

2.1.4 对称序列

1. 实序列的对称性

偶（对称）序列 $x_e(n)$：

$$x_e(n) = x_e(-n) \tag{2.9}$$

奇（对称）序列 $x_o(n)$：

$$x_o(n) = -x_o(-n) \tag{2.10}$$

对于任何一个实序列 $x(n)$，都可以被分解为偶序列和奇序列之和，即

$$x(n) = x_e(n) + x_o(n) \tag{2.11}$$

2. 复序列的对称性

共轭对称序列：

$$x_e(n) = x_e^*(-n) \tag{2.12}$$

共轭反对称序列：

$$x_o(n) = -x_o^*(-n) \tag{2.13}$$

任何复信号都可以被分解为一个共轭对称信号和一个共轭反对称信号之和，即

$$x(n) = x_e(n) + x_o(n)$$

2.1.5　用单位冲激序列来表示任意序列

叫将任意序列表示成单位冲激的移位加权和，即

$$x(n) = \sum_{m=-\infty}^{+\infty} x(m)\delta(n-m) = x(n) * \delta(n) \tag{2.14}$$

2.1.6　序列的运算

1. 加、减、相乘

在两序列的同一时刻下（同一 n 值）进行。

2. 求和

对某一离散时间信号的历史值进行求和的过程。

$$y(n) = \sum_{k=-\infty}^{n} x(k) \tag{2.15}$$

3. 移位、翻转及尺度变换

（1）移位。

如果 $y(n) = x(n-n_0)$，则表示将 $x(n)$ 沿 n 轴平移 n_0 个单位，当 $n_0 > 0$ 时，向右平移，称为 $x(n)$ 的延时序列；当 $n_0 < 0$ 时，向左平移，称为 $x(n)$ 的超前序列。

（2）翻转。

$x(-n)$ 是 $x(n)$ 的翻转序列，是指信号 $x(n)$ 关于变量 n "翻转"。

（3）尺度变换。

$x(mn)$ 是 $x(n)$ 序列每隔 $m-1$ 点取一点而形成的新序列，相当于时间轴 n 压缩为原来的 $1/m$；$x\left(\dfrac{n}{m}\right)$ 是 $x(n)$ 序列每 2 点间插入 $m-1$ 个零点而形成的新序列，相当于时间轴 n 被扩展了 m 倍。

移位、翻转和尺度运算是与次序相关的，所以在计算这些运算的合成时需要注意。

2.1.7　离散时间系统

离散时间系统是一个映射，这个映射通过一组已定法则或运算把一个信号转换为另外一个信号，用符号 $T[\cdot]$ 来表示一般的系统。

1. 可加性

$$T[x_1(n) + x_2(n)] = T[x_1(n)] + T[x_2(n)]$$

2. 齐次性(均匀性)

$$T[Cx(n)] = CT[x(n)]$$

3. 线性系统

$$y(n) = T[ax_1(n) + bx_2(n)] = aT[x_1(n)] + bT[x_2(n)]$$

$$= ay_1(n) + by_2(n) \tag{2.16}$$

式中　a、b——常系数。

4. 移不变(时不变)系统

$$\begin{cases} y(n) = T[x(n)] \\ y(n-n_0) = T[x(n-n_0)] \end{cases} \tag{2.17}$$

式中　n_0——任意整数。

5. 线性移不变系统

一个既满足线性又满足移不变性质的系统称为线性移不变系统。

$$h(n) = T[\delta(n)] \tag{2.18}$$

$$y(n) = \sum_{m=-\infty}^{+\infty} x(m)h(n-m) \tag{2.19}$$

式(2.19)称为线性移不变系统的卷积和公式,记为

$$y(n) = x(n) * h(n)$$

表明:一个线性移不变系统的输出等于系统的输入 $x(n)$ 和系统单位冲激响应 $h(n)$ 的卷积和。

6. 因果性

如果对任意 n_0,系统在 n_0 时刻的响应仅取决于在时刻 $n=n_0$ 及以前的输入,则称之为因果系统。

一个线性移不变系统将是因果性的充分且必要条件是系统的单位冲激响应满足

$$h(n) = 0 \quad (n < 0) \tag{2.20}$$

相应地,将 $x(n) = 0(n<0)$ 的序列称为因果序列。

7. 稳定性

稳定系统是指输入序列 $x(n)$ 是有界的,响应 $y(n)$ 也是有界的,称具有这种性质的系统在有界输入－有界输出的意义上是稳定的。

对于一个线性移不变系统,系统稳定的充分且必要条件是单位冲激响应绝对可和,即

$$\sum_{n=-\infty}^{+\infty} |h(n)| < +\infty \tag{2.21}$$

8. 可逆性

如果一个系统的输入可以唯一地从其输出求出,称之为可逆的。即给定任意两个输入 $x_1(n)$ 与 $x_2(n)$,且 $x_1(n) \neq x_2(n)$,必有 $y_1(n) \neq y_2(n)$ 成立。

2.1.8　卷积和的性质

1. 交换律

交换律是指两个序列进行卷积和运算时与次序无关,在数学上,交换律表示为

$$x(n) * h(n) = h(n) * x(n) \tag{2.22}$$

从系统的角度来分析,这个性质表明一个具有单位冲激响应 $h(n)$ 和输入信号 $x(n)$ 的系统与一个具有单位冲激响应 $x(n)$ 和输入信号 $h(n)$ 的系统产生的效果是完全相同的。

2. 结合律

卷积和运算满足结合律,即

$$\{x(n) * h_1(n)\} * h_2(n) = x(n) * \{h_1(n) * h_2(n)\} \tag{2.23}$$

从系统的角度来分析,两个系统的级联,其等效系统的单位冲激响应等于两个系统分别的单位冲激响应的卷积和。

3. 分配律

卷积和运算的分配律是指

$$x(n) * \{h_1(n) + h_2(n)\} = x(n) * h_1(n) + x(n) * h_2(n) \tag{2.24}$$

从系统的角度来分析,信号同时通过两个系统后相加(并联结构),等效于信号通过一个系统,该系统的单位冲激响应等效于两个系统分别的单位冲激响应之和。

2.1.9　卷积和的计算

1. 图解法

$y(n) = x(n) * h(n)$,具体计算步骤如下:

(1) 将 $x(n)$ 和 $h(n)$ 用 $x(m)$ 和 $h(m)$ 表示。

(2) 选一个序列 $h(m)$,并将其按时间翻转形成序列 $h(-m)$。

(3) 把 $h(-m)$ 序列移动 n 位(注:如果 $n > 0$,表示向右移位;如果 $n < 0$,表示向左移位)。

(4) 对于所有的 m,把序列 $x(m)$ 和 $h(n-m)$ 相乘,并求这些乘积之和,得到的就是 $y(n)$。这个过程要对所有可能的移位 n 重复进行。

2. 解析法

用解析法求卷积和,首先要根据卷积和的变化情况,按转折点划段,然后对每段的卷积

和确定上下限。确定上下限的一般原则是:若给定两序列的非零值的下限分别为 L_1、L_2,上限分别为 V_1、V_2,则选 L_1、L_2 中大者作为卷积和的下限,选 V_1、V_2 中小者作为卷积和的上限。

在求解两个有限长序列的卷积和时需牢记的是,如果 $x(n)$ 长度为 L_1,$h(n)$ 长度为 L_2,那么,$y(n)=x(n)*h(n)$ 的长度为 $L=L_1+L_2-1$。另外,如果 $x(n)$ 的非零值包括在区间 $[M_x,N_x]$ 内,$h(n)$ 的非零值包括在区间 $[M_h,N_h]$ 内,则 $y(n)$ 的非零值将会被限制在区间 $[M_x+M_h,N_x+N_h]$ 内。

2.1.10 线性常系数差分方程

一个 N 阶线性常系数差分方程用下式表示

$$y(n)=\sum_{i=0}^{M}b_i x(n-i)-\sum_{k=1}^{N}a_k y(n-k) \tag{2.25}$$

或者

$$\sum_{k=0}^{N}a_k y(n-k)=\sum_{i=0}^{M}b_i x(n-i) \quad (a_0=1) \tag{2.26}$$

求解线性常系数差分方程的方法如下:

(1) 时域经典解法。

先分别求齐次解与特解,然后代入边界条件求待定系数。

(2) 递推法。

包括手算逐次代入求解或利用计算机求解。

(3) 变换域方法。

利用 Z 变换方法解差分方程,是实际应用中简便而有效的方法。

(4) 分别求零输入响应与零状态响应。

可以利用求齐次解的方法得到零输入响应,利用卷积和的方法求零状态响应。

解差分方程时必须附有一定的"初始条件"(初始条件的个数应等于差分方程的阶数 N),才能有确定的解,初始条件不同,差分方程的解也是不同的。

2.1.11 离散时间信号和系统的频域表示

对于一般的序列,定义

$$X(\mathrm{j}\omega)=\sum_{n=-\infty}^{+\infty}x(n)\mathrm{e}^{-\mathrm{j}\omega n} \tag{2.27}$$

为序列 $x(n)$ 的傅里叶变换。 它可用 FT(Fourier Transform) 来表示,也可表示为 $x(n)\overset{\mathrm{F}}{\Rightarrow}X(\mathrm{j}\omega)$。

$$x(n) = \frac{1}{2\pi} \int_{-\pi}^{\pi} X(j\omega) \, e^{j\omega n} \, d\omega \qquad (2.28)$$

式(2.28)称为傅里叶逆(反)变换,可以表示为 $X(j\omega) \overset{F^{-1}}{\Rightarrow} x(n)$。

如果系统用单位冲激响应 $h(n)$ 作为输入序列,其傅里叶变换的表达式为

$$H(j\omega) = \sum_{n=-\infty}^{+\infty} h(n) e^{-j\omega n} \qquad (2.29)$$

$H(j\omega)$ 称为系统的频率响应。

$X(j\omega)$ 是关于 ω 的连续函数,并且是周期的,其周期为 2π。

2.1.12　序列傅里叶变换的主要性质

1. 线性

若

$$\mathrm{FT}[x_1(n)] = X_1(j\omega), \quad \mathrm{FT}[x_2(n)] = X_2(j\omega)$$

则

$$\mathrm{FT}[ax_1(n) + bx_2(n)] = aX_1(j\omega) + bX_2(j\omega) \qquad (2.30)$$

式中　a、b—— 常数。

2. 序列的移位

若

$$\mathrm{FT}[x(n)] = X(j\omega)$$

则

$$\mathrm{FT}[x(n-n_0)] = e^{-j\omega n_0} X(j\omega) \qquad (2.31)$$

时域的移位对应于频域有一个相位移。

3. 乘以指数序列

若

$$\mathrm{FT}[x(n)] = X(j\omega)$$

则

$$\mathrm{FT}[a^n x(n)] = X\left(\frac{1}{a} e^{j\omega}\right) \qquad (2.32)$$

4. 乘以复指数序列(调制性)

若

$$\mathrm{FT}[x(n)] = X(j\omega)$$

则

$$FT[e^{j\omega_0 n}x(n)] = X[j(\omega - \omega_0)] \tag{2.33}$$

时域的调制对应于频域的位移。

5. 时域卷积定理

若

$$FT[x(n)] = X(j\omega), \quad FT[y(n)] = Y(j\omega)$$

则

$$FT[x(n) * y(n)] = X(j\omega)Y(j\omega) \tag{2.34}$$

时域的线性卷积对应频域的相乘。

6. 频域卷积定理

若

$$FT[x(n)] = X(j\omega), \quad FT[y(n)] = Y(j\omega)$$

则

$$FT[x(n)h(n)] = \frac{1}{2\pi}[X(j\omega) * Y(j\omega)] = \frac{1}{2\pi}\int_{-\pi}^{\pi} X(j\theta)Y(j(\omega - \theta))\,d\theta \tag{2.35}$$

时域的加窗(即相乘)对应于频域的卷积并除以 2π。

7. 序列的线性加权

若

$$FT[x(n)] = X(j\omega)$$

则

$$FT[nx(n)] = j\frac{d}{d\omega}[X(j\omega)] \tag{2.36}$$

时域的线性加权对应于频域的一阶导数乘以 j。

8. 帕塞瓦尔定理

若

$$FT[x(n)] = X(j\omega)$$

则

$$\sum_{n=-\infty}^{+\infty} |x(n)|^2 = \frac{1}{2\pi}\int_{-\pi}^{\pi} |X(j\omega)|^2 d\omega \tag{2.37}$$

表明:时域的能量等于频域的总能量。

9. 傅里叶变换的对称性

(1) 序列实部和虚部的傅里叶变换

$$x(n) = \text{Re}[x(n)] + j\text{Im}[x(n)]$$

$$X(j\omega) = X_e(j\omega) + X_o(j\omega)$$

若 $FT[x(n)] = X(j\omega)$，则

$$FT\{Re[x(n)]\} = X_e(j\omega)$$

$$FT\{jIm[x(n)]\} = X_o(j\omega)$$

（2）序列的共轭对称部分与共轭反对称部分的傅里叶变换

$$x(n) = x_e(n) + x_o(n)$$

$$X(j\omega) = Re[X(j\omega)] + jIm[X(j\omega)]$$

则

$$FT[x_e(n)] = Re[X(j\omega)]$$

$$FT[x_o(n)] = jIm[X(j\omega)]$$

2.1.13　连续时间信号的抽样

1. 抽样定理

若连续时间信号 $x_a(t)$ 是有限带宽的，其频谱的最高频率为 $f_c(\Omega_c = 2\pi f_c)$，对 $x_a(t)$ 等间隔抽样时，保证抽样频率

$$f_s > 2f_c \text{（或 } \Omega_s > 2\Omega_c, T_s < \frac{\pi}{\Omega_c}\text{）} \tag{2.38}$$

那么，可由 $x(nT_s)$ 不失真地恢复出 $x_a(t)$，即 $x(nT_s)$ 保留了 $x_a(t)$ 的全部信息。

该定理指出了对连续时间信号抽样时所必须遵守的基本原则。在对 $x_a(t)$ 做抽样时，首先要了解 $x_a(t)$ 的最高截止频率 f_c，以确定应选取的抽样频率 f_s。若 $x_a(t)$ 不是限带宽的，在抽样前应对 $x_a(t)$ 做模拟滤波，以去掉 $f > f_c$ 的高频成分。使频谱不发生混叠的最小抽样频率，即 $f_s = 2f_c$，称为"奈奎斯特频率"，$\frac{f_s}{2}$ 称为折叠频率。

2. 内插公式

$$x_a(t) = \sum_{n=-\infty}^{+\infty} x(nT_s) \frac{\sin\dfrac{\pi(t - nT_s)}{T_s}}{\dfrac{\pi(t - nT_s)}{T_s}} \tag{2.39}$$

工程实际中，将离散时间信号变成模拟信号可以通过数／模（D/A）转换器结合平滑滤波器来实现。

2.2 习题解答

1.如果 $x_1(n)$ 是偶序列，$x_2(n)$ 是奇序列，则 $y(n)=x_1(n) \cdot x_2(n)$ 奇偶性如何？

【解】 根据奇偶序列的定义，有

$$x_1(-n)=x_1(n), \quad x_2(-n)=-x_2(n)$$

则
$$y(-n)=x_1(-n) \cdot x_2(-n)$$
$$=x_1(n) \cdot (-x_2(n))$$
$$=-x_1(n) \cdot x_2(n)$$
$$=-y(n)$$

故 $y(n)$ 为奇序列。

2.如果 $x_e(n)$ 是序列 $x(n)$ 的共轭对称部分，$x_e(n)$ 的实部和虚部具有什么形式的对称关系？

【解】 $x(n)$ 的共轭对称部分是

$$x_e(n)=\frac{1}{2}\{x(n)+x^*(-n)\}$$

用其实部与虚部表示 $x(n)$，得

$$x_e(n)=\frac{1}{2}\left[x_r(n)+jx_i(n)+\{x_r(-n)+jx_i(-n)\}^*\right]$$
$$=\frac{1}{2}\left[x_r(n)+jx_i(n)+x_r(-n)-jx_i(-n)\right]$$
$$=\frac{1}{2}\left[x_r(n)+x_r(-n)\right]+\frac{1}{2}j\left[x_i(n)-x_i(-n)\right]$$

故 $x_e(n)$ 的实部是偶对称的，虚部是奇对称的。

3.判断下列序列是否是周期序列，若是，请确定它的最小周期。

$(1)x(n)=A\cos\left(\frac{5\pi}{8}n+\frac{\pi}{6}\right)$，$A$ 是常数；

$(2)x(n)=e^{j(\frac{1}{8}n-\pi)}$。

【解】 $(1)\omega=5\pi/8$，则 $2\pi/\omega=16/5$。

故 $x(n)$ 是周期序列，最小周期为 16。

(2) 对照复指数序列的一般公式 $x(n)=\exp[\sigma+j\omega]n$，得出 $\omega=1/8$，因此 $2\pi/\omega=16\pi$，是无理数，所以 $x(n)$ 是非周期序列。

4.如图 2.1 所示的是单位取样响应分别为 $h_1(n)$ 和 $h_2(n)$ 的两个线性移不变系统的级联，已知 $x(n)=u(n)$，$h_1(n)=\delta(n)-\delta(n-4)$，$h_2(n)=a^nu(n)$，$|a|<1$，求系统的输出 $y(n)$。

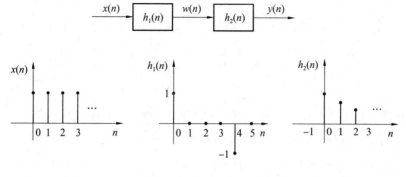

图 2.1　题 4 图

【解】　解法一：

$$y(n) = x(n) * h_1(n) * h_2(n)$$

$$= h_2(n) * x(n) * h_1(n)$$

$$= \left(\sum_{k=0}^{\infty} a^k u(k) u(n-k) \right) * (\delta(n) - \delta(n-4))$$

$$= \left(\sum_{k=0}^{n} a^k u(n) \right) * (\delta(n) - \delta(n-4))$$

$$= \frac{1-a^{n+1}}{1-a} u(n) * (\delta(n) - \delta(n-4)) \quad (|a| < 1)$$

$$= \frac{1-a^{n+1}}{1-a} u(n) - \frac{1-a^{n-3}}{1-a} u(n-4)$$

解法二：

$$w(n) = x(n) * h_1(n) = \sum_{k=-\infty}^{\infty} u(k) [\delta(n-k) - \delta(n-k-4)]$$

$$= u(n) - u(n-4)$$

$$= \delta(n) + \delta(n-1) + \delta(n-2) + \delta(n-3)$$

$$y(n) = w(n) * h_2(n)$$

$$= [\delta(n) + \delta(n-1) + \delta(n-2) + \delta(n-3)] * [a^n \cdot u(n)]$$

$$= a^n \cdot u(n) + a^{n-1} \cdot u(n-1) + a^{n-2} \cdot u(n-2) + a^{n-3} \cdot u(n-3)$$

5. 试证明线性卷积满足交换律、结合律和加法分配律。

【证明】　（1）交换律。

$$y(n) = x(n) * h(n) = \sum_{m=-\infty}^{\infty} x(m) h(n-m)$$

令 $k = n - m$，则

$$y(n) = \sum_{k=\infty}^{-\infty} x(n-k)h(k)$$

$$= \sum_{k=-\infty}^{\infty} h(k)x(n-k)$$

$$= h(n) * x(n)$$

（2）结合律：$\{x(n) * h_1(n)\} * h_2(n) = x(n) * \{h_1(n) * h_2(n)\}$

右边 $= x(n) * \{h_1(n) * h_2(n)\}$

$$= x(n) * \{h_2(n) * h_1(n)\}$$

$$= \sum_{m=-\infty}^{\infty} x(m) \cdot \{h_2(n-m) * h_1(n-m)\}$$

$$= \sum_{m=-\infty}^{\infty} x(m) \left\{ \sum_{k=-\infty}^{\infty} h_2(k) \cdot h_1(n-m-k) \right\}$$

$$= \sum_{k=-\infty}^{\infty} \left\{ \sum_{m=-\infty}^{\infty} x(m) \cdot h_1(n-m-k) \right\} h_2(k)$$

$$= \sum_{k=-\infty}^{\infty} \{x(n-k) * h_1(n-k)\} h_2(k)$$

$$\overset{m=n-k}{=} \sum_{m=\infty}^{-\infty} \{x(m) * h_1(m)\} h_2(n-m)$$

$$= \{x(n) * h_1(n)\} * h_2(n)$$

$$= 左边$$

（3）分配律：$x(n) * \{h_1(n) + h_2(n)\} = x(n) * h_1(n) + x(n) * h_2(n)$

左边 $= x(n) * \{h_1(n) + h_2(n)\}$

$$= \sum_{m=-\infty}^{\infty} x(m) \cdot \{h_1(n-m) + h_2(n-m)\}$$

$$= \sum_{m=-\infty}^{\infty} \{x(m) \cdot h_1(n-m) + x(m) \cdot h_2(n-m)\}$$

$$= \sum_{m=-\infty}^{\infty} x(m) \cdot h_1(n-m) + \sum_{m=-\infty}^{\infty} x(m) \cdot h_2(n-m)$$

$$= x(n) * h_1(n) + x(n) * h_2(n)$$

$$= 右边$$

6.判断下列系统是否为稳定系统、因果系统、线性系统、移不变系统。

（1）$y(n) = 2x(n) + 3$ 　　　　　（2）$y(n) = x(n)\sin\left(\dfrac{2\pi}{3}n + \dfrac{\pi}{6}\right)$

（3）$y(n) = \displaystyle\sum_{k=-\infty}^{n} x(k)$ 　　　　　（4）$y(n) = \displaystyle\sum_{k=n_0}^{n} x(k)$

（5）$y(n) = x(n)g(n)$ 　　　　　（6）$y(n) = x(n-n_0)$ 　　（n_0 为整常数）

【解】　(1) 稳定,因果,非线性,移不变。

稳定性:若 $|x(n)|\leqslant M$,则
$$|y(n)|=|2x(n)+3|\leqslant 2M+3$$

有界,所以是稳定系统。

因果性:对任意 n_0,系统在 n_0 时刻的响应仅取决于在时刻 $n=n_0$ 的输入,所以是因果系统。

线性:
$$T(ax_1(n)+bx_2(n))=2ax_1(n)+2bx_2(n)+3$$
$$\neq aT(x_1(n))+bT(x_2(n))=2ax_1(n)+2bx_2(n)+3(a+b)$$

所以系统非线性。

移不变性:$T(x(n-n_0))=2x(n-n_0)+3=y(n-n_0)$,所以是移不变系统。

(2) 稳定,因果,线性,移变。

稳定性:设 $|x(n)|\leqslant M$,则有
$$|y(n)|=\left|x(n)\sin\left(\frac{2\pi}{3}n+\frac{\pi}{6}\right)\right|=|x(n)|\left|\sin\left(\frac{2\pi}{3}n+\frac{\pi}{6}\right)\right|\leqslant M\left|\sin\left(\frac{2\pi}{3}n+\frac{\pi}{6}\right)\right|\leqslant M$$

所以系统是稳定的。

因果性:因 $y(n)$ 只取决于现在和过去的输入 $x(n)$,不取决于未来的输入,故该系统是因果系统。

线性:设 $y_1(n)=ax_1(n)\sin\left(\frac{2\pi}{3}n+\frac{\pi}{6}\right)$,$y_2(n)=bx_2(n)\sin\left(\frac{2\pi}{3}n+\frac{\pi}{6}\right)$,由于
$$y(n)=T[ax_1(n)+bx_2(n)]=[ax_1(n)+bx_2(n)]\sin\left(\frac{2\pi}{3}n+\frac{\pi}{6}\right)$$
$$=ay_1(n)+by_2(n)$$

所以系统是线性的。

移不变性:$T[x(n-k)]\neq y(n-k)$,故系统是移变的。

(3) 不稳定,因果,线性,移不变。

稳定性:$|y(n)|=\left|\sum_{k=-\infty}^{n}x(k)\right|\leqslant L\cdot M, L\to\infty$,$|y(n)|\to\infty$,所以是不稳定系统。

因果性:因 $y(n)$ 只取决于现在和过去的输入 $x(n)$,故该系统是因果系统。

线性:
$$T(ax_1(n)+bx_2(n))=\sum_{k=-\infty}^{n}[ax_1(k)+bx_2(k)]$$
$$=a\sum_{k=-\infty}^{n}x_1(k)+b\sum_{k=-\infty}^{n}x_2(k)$$
$$=aT[x_1(n)]+bT[x_2(n)]$$

因此为线性系统。

移不变性：$T(x(n-n_0)) = \sum\limits_{m=-\infty}^{n} x(m-n_0) = \sum\limits_{k=-\infty}^{n-n_0} x(k) = y(n-n_0)$，因此是移不变系统。

(4) 不稳定,因果/非因果,线性,移变。

稳定性：$|y(n)| = \left| \sum\limits_{k=n_0}^{n} x(k) \right| \leqslant |n-n_0| \cdot M, n \rightarrow \infty, \ |y(n)| \rightarrow \infty$，所以系统不稳定。

因果性：当 $n \geqslant n_0$ 时,该系统是因果系统；当 $n < n_0$ 时,是非因果系统。

线性：

$$T(ax_1(n) + bx_2(n)) = \sum\limits_{k=n_0}^{n} [ax_1(k) + bx_2(k)]$$

$$= a\sum\limits_{k=n_0}^{n} x_1(k) + b\sum\limits_{k=n_0}^{n} x_2(k)$$

$$= aT[x_1(n)] + bT[x_2(n)]$$

因此为线性系统。

移不变性：

$$T(x(n-n_1)) = \sum\limits_{k=n_0}^{n} x(k-n_1)$$

$$= \sum\limits_{k=n_0-n_1}^{n-n_1} x(k)$$

$$\neq y(n-n_1) = \sum\limits_{k=n_0}^{n-n_1} x(k)$$

所以是移变系统。

(5) 稳定/不稳定,因果,线性,移变。

稳定性：设 $|x(n)| \leqslant M < \infty$，则

$$|y(n)| \leqslant |g(n)| \cdot M$$

如果 $g(n)$ 有界,则系统稳定。

因果性：因 $y(n)$ 只取决于现在的输入 $x(n)$,不取决于未来的输入,故系统是因果系统。

线性：

$$T(ax_1(n) + bx_2(n)) = g(n)[ax_1(n) + bx_2(n)]$$

$$= ag(n)x_1(n) + bg(n)x_2(n)$$

$$= aT[x_1(n)] + bT[x_2(n)]$$

因此为线性系统。

移不变性：

$$T[x(n-n_0)]=g(n)x(n-n_0)$$

$$\neq y(n-n_0)=g(n-n_0)x(n-n_0)$$

所以是移变系统。

（6）稳定,因果／非因果,线性,移不变。

稳定性：设 $|x(n)|\leqslant M$,则

$$|T[x(n)]|=|x(n-n_0)|\leqslant M$$

所以是稳定系统。

因果性：若 $n_0\geqslant 0$,则系统为因果系统,否则为非因果系统。

线性：

$$T[ax_1(n)+bx_2(n)]=ax_1(n-n_0)+bx_2(n-n_0)=$$

$$aT[x_1(n)]+bT[x_2(n)]$$

因此为线性系统。

移不变性：

$$T[x(n-n_d)]=x(n-n_0-n_d)=y(n-n_d)$$

因此为移不变系统。

7. 讨论下列各系统的因果性和稳定性（已知（1）～（4）为线性移不变系统）。

（1）$h(n)=-a^n u(-n-1)$ 　　　　（2）$h(n)=\delta(n+n_0)$ 　$(n_0>0)$

（3）$h(n)=2^n u(-n)$ 　　　　　　（4）$h(n)=\left(\dfrac{1}{2}\right)^n u(n)$

（5）$y(n)=\dfrac{1}{N}\displaystyle\sum_{k=0}^{N-1}x(n-k)$ 　　　　（6）$y(n)=x(n)+x(n+1)$

（7）$y(n)=\displaystyle\sum_{k=n-n_0}^{n+n_0}x(k)$ 　　　　　　（8）$y(n)=\mathrm{e}^{x(n)}$

【解】（1）当 $n<0$ 时,$h(n)\neq 0$,所以系统是非因果的。

$$\sum_{n=-\infty}^{\infty}|h(n)|=\sum_{n=-\infty}^{-1}|a^n|=\sum_{n=1}^{\infty}a^{-n}$$

所以当 $|a|>1$ 时,系统稳定;当 $|a|\leqslant 1$ 时,系统不稳定。

（2）当 $n<0$ 时,$h(n)\neq 0$,所以系统是非因果的。

因为 $\displaystyle\sum_{n=-\infty}^{\infty}|h(n)|=1$,所以系统稳定。

（3）当 $n<0$ 时,$h(n)\neq 0$,所以系统是非因果的。

$$\sum_{n=-\infty}^{\infty} |h(n)| = 1 + 2^{-1} + 2^{-2} + \cdots = \frac{1}{1 - \frac{1}{2}} = 2,$$ 故系统是稳定的。

(4) 当 $n < 0$ 时，$h(n) = 0$，所以系统是因果的。

$$\sum_{n=-\infty}^{\infty} |h(n)| = 1 + \left(\frac{1}{2}\right)^1 + \left(\frac{1}{2}\right)^2 + \cdots = \frac{1}{1 - \frac{1}{2}} = 2,$$ 故系统是稳定的。

(5) 若 $N \geqslant 1$，则 $T[x(n)]$ 的值取决于 $x(n)$ 当前和过去的值，所以是因果系统；否则是非因果系统。

若 $|x(n)| \leqslant M$，则

$$|T[x(n)]| = \left| \frac{1}{N} \sum_{k=0}^{N-1} x(n-k) \right| \leqslant \left| \frac{1}{N} \right| \cdot \sum_{k=0}^{N-1} |x(n-k)| \leqslant \left| \frac{1}{N} \right| \cdot |N| M = M$$

所以是稳定系统。

(6) $T[x(n)]$ 的值取决于未来的值，所以是非因果系统。

若 $|x(n)| \leqslant M$，则

$$|T[x(n)]| = |x(n) + x(n+1)| \leqslant |x(n)| + |x(n+1)| \leqslant M + M = 2M$$

所以是稳定系统。

(7) 当 $n_0 \neq 0$ 时，$T[x(n)]$ 的值取决于 $x(n)$ 未来的值，所以为非因果系统；当 $n_0 = 0$ 时，为因果系统。

若 $|x(n)| \leqslant M$，则

$$|T[x(n)]| \leqslant \sum_{k=n-n_0}^{n+n_0} |x(k)| \leqslant |2n_0 + 1| \cdot M$$

所以系统稳定。

(8) $T[x(n)]$ 的值仅取决于 $x(n)$ 当前的值，所以为因果系统。

若 $|x(n)| \leqslant M$，则

$$|T[x(n)]| \leqslant |e^{x(n)}| \leqslant e^{|x(n)|} \leqslant e^M$$

所以系统稳定。

8. 已知序列 $x(n)$、$h(n)$ 为

$$h(n) = \begin{cases} 2^n & (0 \leqslant n \leqslant 10) \\ 0 & (n \text{ 为其他值}) \end{cases}$$

$$x(n) = \begin{cases} 1 & (0 \leqslant n \leqslant 5) \\ 0 & (n \text{ 为其他值}) \end{cases}$$

求：$y(n) = h(n) * x(n)$。

【解】 解法一：

$$h(n) = 2^n \cdot [u(n) - u(n-11)]$$

$$x(n) = u(n) - u(n-6)$$

$$y(n) = \sum_{k=-\infty}^{\infty} h(k)x(n-k)$$

$$= \sum_{k=-\infty}^{\infty} 2^k \cdot [u(k) - u(k-11)][u(n-k) - u(n-k-6)]$$

$$(0 \leqslant n-k \leqslant 5, 0 \leqslant k \leqslant 10)$$

(1) 当 $n < 0$ 或 $n > 15$ 时，$y(n) = 0$

(2) 当 $0 \leqslant n < 5$ 时，

$$y(n) = \sum_{k=0}^{n} 2^k = \frac{1-2^{n+1}}{1-2} = 2^{n+1} - 1$$

(3) 当 $5 \leqslant n < 10$ 时，

$$y(n) = \sum_{k=n-5}^{n} 2^k = 2^{n-5} \cdot \frac{1-2^6}{1-2} = 2^{n-5}(2^6-1)$$

(4) 当 $10 \leqslant n \leqslant 15$ 时，

$$y(n) = \sum_{k=n-5}^{10} 2^k = 2^{n-5} \frac{1-2^{16-n}}{1-2} = 2^{n-5} \cdot (2^{16-n} - 1)$$

所以

$$y(n) = \begin{cases} 0 & (n < 0, n > 15) \\ 2^{n+1} - 1 & (0 \leqslant n < 5) \\ 2^{n-5}(2^6-1) & (5 \leqslant n < 10) \\ 2^{n-5} \cdot (2^{16-n} - 1) & (10 \leqslant n \leqslant 15) \end{cases}$$

解法二：

$$y(n) = [\delta(n) + \delta(n-1) + \delta(n-2) + \delta(n-3) + \delta(n-4)] * h(n)$$

$$= h(n) + h(n-1) + h(n-2) + h(n-3) + h(n-4)$$

9. 序列 $x(n)$ 的傅里叶变换为 $X(j\omega)$，求下列各序列的傅里叶变换。

(1) $ax_1(n) + bx_2(n)$　　　　(2) $e^{j\omega_0 n}x(n)$　　　　(3) $x^*(-n)$

(4) $\mathrm{Re}[x(n)]$　　　　(5) $nx(n)$

【解】　(1)

$$\sum_{n=-\infty}^{\infty} [ax_1(n) + bx_2(n)]e^{-j\omega n} = a\sum_{n=-\infty}^{\infty} x_1(n)e^{-j\omega n} + b\sum_{n=-\infty}^{\infty} x_2(n)e^{-j\omega n}$$

$$= aX_1(j\omega) + bX_2(j\omega)$$

(2)

$$\sum_{n=-\infty}^{\infty} e^{j\omega_0 n}x(n)e^{-j\omega n} = \sum_{n=-\infty}^{\infty} x(n)e^{-j(\omega-\omega_0)n} = X(j(\omega-\omega_0))$$

（3）

$$\sum_{n=-\infty}^{\infty} x^*(-n)e^{-j\omega n} = \sum_{n=-\infty}^{\infty} \left[x(-n)e^{-j\omega(-n)} \right]^* = X^*(j\omega)$$

（4）

$$\sum_{n=-\infty}^{\infty} \mathrm{Re}[x(n)]e^{-j\omega n} = \sum_{n=-\infty}^{\infty} \frac{1}{2}[x(n)+x^*(n)]e^{-j\omega n} = \frac{1}{2}[X(j\omega)+X^*(-j\omega)]$$

（5）

$$\sum_{n=-\infty}^{\infty} nx(n)e^{-j\omega n} = \sum_{n=-\infty}^{\infty} -\frac{1}{j}\frac{dx(n)e^{-j\omega n}}{d\omega} = j\frac{d}{d\omega}\sum_{n=-\infty}^{\infty} x(n)e^{-j\omega n} = j\frac{dX(j\omega)}{d\omega}$$

10. 设一个因果的线性移不变系统由下列差分方程描述

$$y(n) - \frac{1}{2}y(n-1) = x(n) + \frac{1}{2}x(n-1)$$

求该系统的单位冲激响应。

【解】 令 $x(n)=\delta(n)$，则对于 $n<0$

$$y(n) = h(n) = 0$$

$$h(0) = \frac{1}{2}y(-1) + x(0) + \frac{1}{2}x(-1) = 1$$

$$h(1) = \frac{1}{2}y(0) + x(1) + \frac{1}{2}x(0) = 1$$

$$h(2) = \frac{1}{2}y(1) + x(2) + \frac{1}{2}x(1) = \frac{1}{2}$$

$$h(3) = \frac{1}{2}y(2) + x(3) + \frac{1}{2}x(2) = \left(\frac{1}{2}\right)^2$$

$$\vdots$$

可以推出

$$h(n) = \frac{1}{2}y(n-1) + x(n) + \frac{1}{2}x(n-1) = \left(\frac{1}{2}\right)^{n-1}$$

即

$$h(n) = \left(\frac{1}{2}\right)^{n-1} u(n-1) + \delta(n)$$

11. 令 $x(n)$ 和 $X(j\omega)$ 分别表示一个序列和其傅里叶变换，证明帕塞瓦尔定理

$$\sum_{n=-\infty}^{+\infty} x(n)x^*(n) = \frac{1}{2\pi}\int_{-\pi}^{\pi} X(j\omega)X^*(j\omega)d\omega$$

【证明】

$$右边 = \frac{1}{2\pi}\int_{-\pi}^{\pi} \sum_{n=-\infty}^{\infty} x(n)e^{-j\omega n} \left(\sum_{m=-\infty}^{\infty} x(m)e^{-j\omega m} \right)^* d\omega$$

$$= \sum_{n=-\infty}^{\infty} x(n) \frac{1}{2\pi} \int_{-\pi}^{\pi} \left(\sum_{m=-\infty}^{\infty} x(m) e^{-j\omega m} \right)^* e^{-j\omega n} d\omega$$

$$= \sum_{n=-\infty}^{\infty} x(n) \left(\frac{1}{2\pi} \int_{-\pi}^{\pi} x(j\omega) e^{j\omega n} d\omega \right)^*$$

$$= \sum_{n=-\infty}^{\infty} x(n) \cdot x^*(n)$$

$$= 左边$$

12. 有一连续时间信号 $x_a(t) = \cos(2\pi f t + \varphi)$，式中 $f = 20$ Hz，$\varphi = \dfrac{\pi}{2}$。

(1) 求出 $x_a(t)$ 的周期；

(2) 用抽样间隔 $T_s = 0.02$ s 对 $x_a(t)$ 进行抽样，试写出抽样信号 $x(nT_s)$ 的表达式；

(3) 画出对应 $x(nT_s)$ 的离散时间信号 $x(n)$ 的波形，并求出 $x(n)$ 的周期。

【解】　(1) $x_a(t)$ 的周期是

$$T_a = 1/f = 0.05 \text{ s}$$

(2)

$$x(nT_s) = \cos(2\pi f n T_s + \varphi)$$

$$= \cos(2\pi n \cdot 20 \times 0.02 + \varphi)$$

$$= \cos\left(0.8\pi n + \frac{\pi}{2} \right)$$

(3) $x(n)$ 的数字角频率为 $\omega_n = 0.8\pi$。

$x(n)$ 的波形如图 2.2 所示。

$x(n)$ 的周期：$\dfrac{2\pi}{\omega_0} = \dfrac{2\pi k}{0.8\pi} = \dfrac{5}{2} = \dfrac{P}{Q}$，则其周期为 $N = 5$。

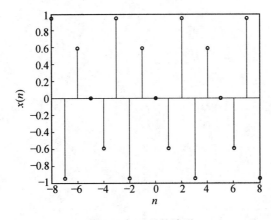

图 2.2　$x(n)$ 的波形

附　　MATLAB 程序代码为：

phai＝pi/2；

n＝－8：8；

xn＝cos(0.8 ∗ pi ∗ n＋phai)；

figure，stem(n,xn)，xlabel('n')，ylabel('x(n)')，axis([n(1) n(end) －1 1])

第 3 章

Z 变换及其在线性移不变系统分析中的应用

3.1　学习要点

本章主要内容：

(1) Z 变换的定义及收敛域。

(2) Z 反变换的求解方法。

(3) 基本性质和定理。

(4) 系统函数。

(5) 系统零、极点分布与频率特性的关系。

(6) 利用 Z 变换求解差分方程。

(7) 系统结构图和信号流图。

3.1.1　Z 变换的定义及收敛域

一个离散时间信号 $x(n)$ 的 Z 变换定义为

$$X(z) = \sum_{n=-\infty}^{+\infty} x(n) z^{-n} \tag{3.1}$$

这里 $z = r e^{j\omega}$ 是一个复变量，它所在的复平面称为 z 平面。

1. 有限长序列

有限长序列的收敛域为 $0 < |z| < +\infty$，即包括除 $z=0$ 和 $z=+\infty$ 外的整个 z 平面，且根据序列取值范围的不同可能包括 $z=0$ 或 $z=+\infty$。有限长序列及其 Z 变换的收敛域如图 3.1 所示。

2. 右边序列(右序列)

右边序列的收敛域为以 R_{x-} 为半径的圆的外部,即 $R_{x-}<|z|$。右边序列及其 Z 变换的收敛域如图 3.2 所示。

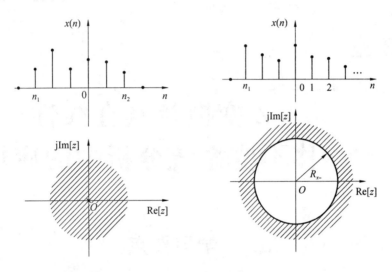

图 3.1　有限长序列及收敛域　　　　图 3.2　右边序列及收敛域

3. 左边序列(左序列)

左边序列的收敛域是以 R_{x+} 为半径的圆的内部,即 $|z|<R_{x+}$。左边序列及其 Z 变换的收敛域如图 3.3 所示。

4. 双边序列

双边序列的收敛域是一个环状区域,即 $R_{x-}<|z|<R_{x+}$。双边序列及其 Z 变换的收敛域如图 3.4 所示。

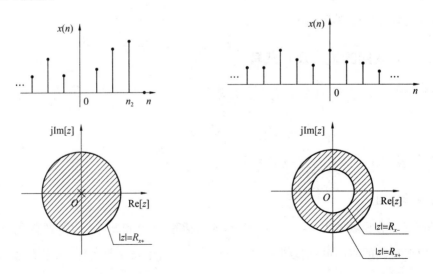

图 3.3　左边序列及收敛域($n_2>0$,故 $z=0$ 除外)　　图 3.4　双边序列及收敛域

3.1.2　Z 反(逆) 变换的解法

1. 围线积分法(留数法)

$$x(n) = \frac{1}{2\pi j}\oint_C X(z)z^{n-1}\mathrm{d}z \quad (C \in (R_{x-}, R_{x+})) \tag{3.2}$$

这里 C 是 $X(z)$ 的收敛域内包围原点的逆时针方向的闭合围线。这种形式的围线积分常用柯西留数定理来计算,即

$$x(n) = \frac{1}{2\pi j}\oint_C X(z)z^{n-1}\mathrm{d}z$$

$$= \sum_k \left[X(z)z^{n-1} \text{ 在 } C \text{ 内极点处的留数} \right] \tag{3.3}$$

当围线内极点的留数求解困难时,可考虑使用留数辅助定理通过求解围线外部极点的留数实现,留数辅助定理的基本要求是被积函数 $F(z)$ 的分母多项式 z 的阶次比分子多项式 z 的阶次高二阶或二阶以上。

2. 幂级数法(长除法)

一般情况下 $X(z)$ 是一个有理分式,分子分母都是 z 的多项式,则可直接用分子多项式除以分母多项式,从得到的商中即可方便地求出 $x(n)$。需要说明的是,如果 $x(n)$ 是右序列,级数应是负幂级数;如果 $x(n)$ 是左序列,级数则是正幂级数。

3. 部分分式展开法

此方法针对具有单阶极点的情况使用,设 $x(n)$ 的 Z 变换 $X(z)$ 是有理函数,分母多项式是 N 阶,分子多项式是 M 阶,将 $X(z)$ 展成一些简单的常用的部分分式之和,然后求每一部分分式的 Z 反变换,再相加即可得到原序列 $x(n)$。

3.1.3　Z 变换的基本性质

这里要特别注意收敛域的变化。Z 变换的主要性质见表 3.1。

表 3.1　Z 变换的主要性质

序列	Z 变换	收敛域
$x(n)$	$X(z)$	$R_{x-} < \|z\| < R_{x+}$
$h(n)$	$H(z)$	$R_{h-} < \|z\| < R_{h+}$
$ax(n) + bh(n)$	$aX(z) + bH(z)$	$\max[R_{x-}, R_{h-}] < \|z\| < \min[R_{x+}, R_{h+}]$ 若零、极点对消,收敛域可能扩大

续表 3.1

序列	Z 变换	收敛域
$x(n-m)$	$z^{-m}X(z)$	$R_{x-} < \mid z \mid < R_{x+}$
$a^n x(n)$	$X\left(\dfrac{z}{a}\right)$	$\mid a \mid R_{x-} < \mid z \mid < \mid a \mid R_{x+}$
$n^m x(n)$	$\left(-z\dfrac{\mathrm{d}}{\mathrm{d}z}\right)^m X(z)$	$R_{x-} < \mid z \mid < R_{x+}$
$x^*(n)$	$X^*(z^*)$	$R_{x-} < \mid z \mid < R_{x+}$
$x(-n)$	$X\left(\dfrac{1}{z}\right)$	$\dfrac{1}{R_{x+}} < \mid z \mid < \dfrac{1}{R_{x-}}$
$x^*(-n)$	$X^*\left(\dfrac{1}{z^*}\right)$	$\dfrac{1}{R_{x+}} < \mid z \mid < \dfrac{1}{R_{x-}}$
$\mathrm{Re}[x(n)]$	$\dfrac{1}{2}[X(z)+X^*(z^*)]$	$R_{x-} < \mid z \mid < R_{x+}$
$\mathrm{jIm}[x(n)]$	$\dfrac{1}{2}[X(z)-X^*(z^*)]$	$R_{x-} < \mid z \mid < R_{x+}$
$\displaystyle\sum_{m=0}^{n} x(m)$	$\dfrac{z}{z-1}X(z)$	$\mid z \mid > \max[R_{x-},1],x(n)$ 为因果序列
$x(n)*h(n)$	$X(z)\cdot H(z)$	$\max[R_{x-},R_{h-}] < \mid z \mid < \min[R_{x+},R_{h+}]$ 若零、极点对消收敛域可能扩大
$x(n)h(n)$	$\dfrac{1}{2\pi\mathrm{j}}\displaystyle\oint_C X(v)H\left(\dfrac{z}{v}\right)v^{-1}\mathrm{d}v$	$R_{x-}R_{h-} < \mid z \mid < R_{x+}R_{h+}$
$x(0)=\lim\limits_{z\to+\infty} X(z)$		$x(n)$ 为因果序列，$\mid z \mid > R_{x-}$
$x(\infty)=\lim\limits_{z\to1}(z-1)X(z)$		$x(n)$ 为因果序列，$X(z)$ 的极点落于单位圆内部，最多在 $z=1$ 处有一阶极点
$\displaystyle\sum_{n=-\infty}^{+\infty} x(n)h^*(n)=\dfrac{1}{2\pi\mathrm{j}}\oint_C X(v)H^*\left(\dfrac{1}{v^*}\right)v^{-1}\mathrm{d}v$		$R_{x-}R_{h-} < 1 < R_{x+}R_{h+}$

3.1.4　频率响应与系统函数

1. 频率响应

系统的单位冲激响应 $h(n)$ 的傅里叶变换为

$$H(\mathrm{j}\omega) = \sum_{n=-\infty}^{+\infty} h(n)\mathrm{e}^{-\mathrm{j}\omega n} \tag{3.4}$$

一般称 $H(\mathrm{j}\omega)$ 为系统的频率响应，它表明了系统的频率特性。

2. 系统函数

系统函数是单位冲激响应 $h(n)$ 的 Z 变换,它表征了系统的复频特性,即

$$H(z) = \sum_{n=-\infty}^{+\infty} h(n) z^{-n} \tag{3.5}$$

通过计算单位圆上的 $H(z)$ 的值,频率响应可由系统函数导出为

$$H(\mathrm{j}\omega) = H(z)\big|_{z=e^{\mathrm{j}\omega}}$$

一个系统函数为 $H(z)$ 的线性移不变系统,如果输入序列 $x(n)$ 的 Z 变换为 $X(z)$,则输出序列 $y(n)$ 的 Z 变换为

$$Y(z) = H(z)X(z)$$

则

$$H(z) = \frac{Y(z)}{X(z)}$$

3.1.5　用系统函数的极点分布分析系统的因果性和稳定性

如果系统函数 $H(z)$ 的收敛域包括单位圆 $|z|=1$,则系统是稳定的;如果系统因果且稳定,收敛域一定包含 $+\infty$ 和单位圆,也就是说系统函数的全部极点必须在单位圆内。

3.1.6　用系统的零、极点分布分析系统的频率特性

系统函数:

$$H(z) = A \frac{\prod\limits_{i=1}^{M}(1-c_i z^{-1})}{\prod\limits_{k=1}^{N}(1-d_k z^{-1})} \tag{3.6}$$

由此求出频率特性:

$$H(\mathrm{j}\omega) = A \frac{\prod\limits_{i=1}^{M}(e^{\mathrm{j}\omega}-c_i)}{\prod\limits_{k=1}^{N}(e^{\mathrm{j}\omega}-d_k)} e^{\mathrm{j}\omega(N-M)} \tag{3.7}$$

只要知道系统函数零、极点的分布就可以很容易地确定零、极点位置对系统频率特性的影响。图 3.5 表明,当 B 点转到极点附近时,极点矢量长度最短,那么 $|H(\mathrm{j}\omega)|$ 可能出现峰值,且 d_k 越接近单位圆,则峰值越高越尖锐。若极点在单位圆上,则 $|H(\mathrm{j}\omega)|$ 趋向无穷大,此时,系统不稳定。对零点则刚好相反,当 B 点转到零点附近时,零点矢量长度变短,$|H(\mathrm{j}\omega)|$ 将出现谷值。c_i 在单位圆上时,$|H(\mathrm{j}\omega)|=0$。零点无论在单位圆内部还是外部,都不影响系统的稳定性。

总结以上分析:极点位置主要影响频率响应的峰值位置及尖锐程度,而零点位置主要影

响频率响应的谷点位置及形状。

系统的相位特性等于各零点矢量与实轴夹角(逆时针计算)及常数 A 的相角 φ_A 之和,减去各极点矢量与实轴夹角之和。

原点处的零、极点对 $|H(j\omega)|$ 没有影响,只对 $H(j\omega)$ 的相位 $\varphi(\omega)$ 引入一线性分量 $(N-M)\omega$。

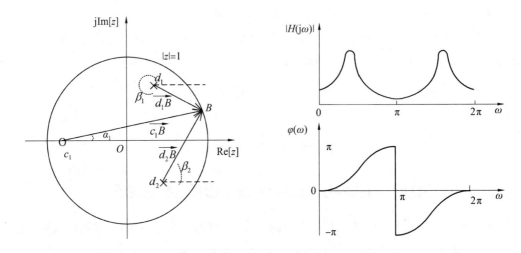

图 3.5　频率响应的几何表示法

3.1.7　利用 Z 变换求解差分方程

利用 Z 变换解差分方程,必须具备如下两个条件:

(1) 给定差分方程的初始条件。

(2) 给定输入序列 $x(n)$。

由此可解得系统的唯一输出 $y(n)$,计算步骤为:

(1) 对差分方程两边进行 Z 变换。

(2) 求出 $Y(z) = H(z)X(z)$。

(3) 根据初始条件,确定 $Y(z) = H(z)X(z)$ 的收敛区域,并对其进行 Z 反变换而得差分方程的解 $y(n)$。

3.1.8　结构图与信号流图

在数字信号处理中存在四种基本运算:延迟、乘系数、相加和分支。可用图 3.6 中的符号表示这四种基本运算。其中图 3.6(a) 表示的是系统结构图基本运算单元,图 3.6(b) 表示的是信号流图基本运算单元。

这样,根据系统的差分方程,可以画出系统结构图以及信号流图,当然根据系统结构图以及信号流图也可写出差分方程。

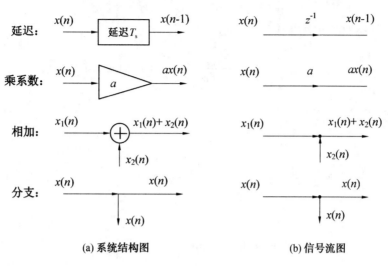

延迟：

乘系数：

相加：

分支：

(a) 系统结构图　　　　　　　　(b) 信号流图

图 3.6　基本运算单元

3.2　习题解答

1.求以下序列的 Z 变换及收敛域。

(1)$2^{-n}u(n)$　　　　　　　　(2)$-2^{-n}u(-n-1)$

(3)$2^{-n}u(-n)$　　　　　　　(4)$\delta(n)$

(5)$\delta(n-1)$　　　　　　　(6)$a^{-n}[u(n)-u(n-10)]$

(7)$\dfrac{1}{n}u(n-1)$　　　　　　(8)$x(n)=n\sin(\omega_0 n)$　　$(n\geqslant 0,\omega_0$ 为常数$)$

【解】　(1)

$$Z[2^{-n}u(n)]=\sum_{n=-\infty}^{\infty}2^{-n}u(n)z^{-n}=\sum_{n=0}^{\infty}2^{-n}z^{-n}=\frac{1}{1-2^{-1}z^{-1}}\quad\left(|z|>\frac{1}{2}\right)$$

(2)
$$Z[-2^{-n}u(-n-1)]=\sum_{n=-\infty}^{\infty}-2^{-n}u(-n-1)z^{-n}$$
$$=\sum_{n=-\infty}^{-1}-2^{-n}z^{-n}=\sum_{n=1}^{\infty}-2^{n}z^{n}$$
$$=\frac{-2z}{1-2z}=\frac{1}{1-2^{-1}z^{-1}}\quad\left(|z|<\frac{1}{2}\right)$$

(3)
$$Z[2^{-n}u(-n)]=\sum_{n=-\infty}^{\infty}2^{-n}u(-n)z^{-n}=\sum_{n=0}^{-\infty}2^{-n}z^{-n}$$
$$=\sum_{n=0}^{\infty}2^{n}z^{n}=\frac{1}{1-2z}\quad\left(|z|<\frac{1}{2}\right)$$

(4)$Z[\delta(n)]=1(0\leqslant|z|\leqslant\infty)$

(5)$Z[\delta(n-1)]=z^{-1}(0<|z|\leqslant\infty)$

$(6) Z[\alpha^{-n}(u(n) - u(n-10))] = \sum_{n=0}^{9} \alpha^{-n} z^{-n}$

$$= \frac{1 - \alpha^{-10} z^{-10}}{1 - \alpha^{-1} z^{-1}} \quad (0 < |z| \leqslant \infty)$$

$(7) X(z) = \sum_{n=1}^{\infty} \frac{1}{n} \cdot z^{-n}$

因为

$$\frac{\mathrm{d}X(z)}{\mathrm{d}z} = \sum_{n=1}^{\infty} \frac{1}{n}(-n) z^{-n-1} = \sum_{n=1}^{\infty} (-z^{-n-1}) = \frac{1}{z - z^2} \quad (|z| > 1)$$

积分得

$$X(z) = \ln z - \ln(z-1) = \ln \frac{z}{z-1}$$

而 $X(z)$ 的收敛域和 $\dfrac{\mathrm{d}X(z)}{\mathrm{d}z}$ 的收敛域相同,所以 $X(z)$ 的收敛域为 $|z| > 1$。

(8) 设 $y(n) = \sin(\omega_0 n) \cdot u(n)$,则有

$$\sin(\omega_0 n) = \frac{1}{2\mathrm{j}} (\mathrm{e}^{\mathrm{j}\omega_0 n} - \mathrm{e}^{-\mathrm{j}\omega_0 n})$$

$$Y(z) = \sum_{n=-\infty}^{\infty} y(n) \cdot z^{-n} = \frac{z^{-1} \sin \omega_0}{1 - 2z^{-1}\cos \omega_0 + z^{-2}} \quad (|z| > 1)$$

而

$$x(n) = n \cdot y(n)$$

所以

$$X(z) = -z \cdot \frac{\mathrm{d}Y(z)}{\mathrm{d}z} = \frac{z^{-1}(1 - z^{-2})\sin \omega_0}{(1 - 2z^{-1}\cos \omega_0 + z^{-2})^2} \quad (|z| > 1)$$

因此,收敛域为 $|z| > 1$。

2.求以下序列的 Z 变换及其收敛域,并在 z 平面上画出零、极点分布图。

$(1) x(n) = R_N(n), N = 4$;

$(2) x(n) = Ar^n \cos(\omega_0 n + \varphi) u(n), r = 0.9, \omega_0 = 0.5\pi \text{ rad}, \varphi = 0.25\pi \text{ rad}$。

【解】 (1)

$$X(z) = \sum_{n=-\infty}^{\infty} R_4(n) \cdot z^{-n} = \sum_{n=0}^{3} z^{-n} = \frac{1 - z^{-4}}{1 - z^{-1}} = \frac{z^4 - 1}{z^3(z-1)} \quad (0 < |z| \leqslant \infty)$$

$z^4 - 1 = 0$,零点为:$z_k = \mathrm{e}^{\mathrm{j}\frac{2\pi}{4}k} \quad (k = 0, 1, 2, 3)$

$z^3(z-1) = 0$,极点为:$z_{1,2} = 0, 1$

$z = 1$ 处的零、极点相互对消。

零、极点图如图 3.7 所示。

（2）　　　　　　　$$原式 = \frac{1}{2} A r^n \left[e^{j\omega_0 n} e^{j\varphi} + e^{-j\omega_0 n} e^{-j\varphi} \right] u(n)$$

$$X(z) = \frac{1}{2} A \left[\sum_{n=0}^{\infty} r^n e^{j\omega_0 n} e^{j\varphi} z^{-n} + \sum_{n=0}^{\infty} r^n e^{-j\omega_0 n} e^{-j\varphi} z^{-n} \right]$$

$$= \frac{1}{2} A \left[\frac{e^{j\varphi}}{1 - r e^{j\omega_0} z^{-1}} + \frac{e^{-j\varphi}}{1 - r e^{-j\omega_0} z^{-1}} \right]$$

$$= A \frac{\cos \varphi - r \cos(\omega_0 - \varphi) z^{-1}}{(1 - r e^{j\omega_0} z^{-1}) \cdot (1 - r e^{-j\omega_0} z^{-1})} \quad (|z| > r)$$

零点：$z_1 = r \dfrac{\cos(\omega_0 - \varphi)}{\cos \varphi} = 0.9, z_2 = 0$，极点：$z_3 = r e^{j\omega_0} = j0.9, z_4 = r e^{-j\omega_0} = -j0.9$，零、极点图

如图 3.8 所示。

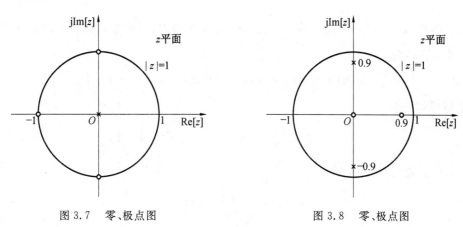

图 3.7　零、极点图　　　　　　　　图 3.8　零、极点图

3. 已知 $X(z) = \dfrac{3}{1 - \dfrac{1}{2} z^{-1}} + \dfrac{2}{1 - 2 z^{-1}}$，求出对应 $X(z)$ 的各种可能的序列表达式。

【解】　$X(z)$ 有两个极点：$z_1 = 0.5, z_2 = 2$，因为收敛域总是以极点为界，因此收敛域有

以下三种情况：

$$|z| < 0.5, \quad 0.5 < |z| < 2, \quad |z| > 2$$

三种收敛域对应三种不同的原序列。

（1）当收敛域 $|z| < 0.5$ 时

$$x(n) = \frac{1}{2\pi j} \oint_C X(z) z^{n-1} dz$$

令 $F(z) = X(z) z^{n-1} = \dfrac{5 - 7 z^{-1}}{(1 - 0.5 z^{-1})(1 - z^{-1})} z^{n-1} = \dfrac{5z - 7}{(z - 0.5)(z - 2)} z^n$

$n \geq 0$，因为围线 C 内无极点，$x(n) = 0$；

$n \leq -1$，围线 C 内有极点 0，但 $z = 0$ 是一个 n 阶极点，改为求 C 外极点留数，C 外极点有

$z_1 = 0.5, z_2 = 2$，那么

$$x(n) = -\text{Res}[F(z), 0.5] - \text{Res}[F(z), 2]$$

$$= \frac{-(5z-7)z^n}{(z-0.5)(z-2)}(z-0.5)\bigg|_{z=0.5} - \frac{(5z-7)z^n}{(z-0.5)(z-2)}(z-2)\bigg|_{z=2}$$

$$= -\left[3 \cdot \left(\frac{1}{2}\right)^n + 2 \cdot 2^n\right]u[-n-1]$$

(2) 当收敛域 $0.5 < |z| < 2$ 时

$$F(z) = \frac{(5z-7)z^n}{(z-0.5)(z-2)}$$

$n \geq 0$，围线 C 内有极点 0.5；

$$x(n) = \text{Res}[F(z), 0.5] = 3 \times \left(\frac{1}{2}\right)^n$$

$n < 0$，围线 C 内有极点 0.5 和 0，但 0 是一个 n 阶极点，改成求 C 外极点留数，C 外极点只有一个，即 2，则

$$x(n) = -\text{Res}[F(z), 2] = -2 \cdot 2^n u(-n-1)$$

最后得到

$$x(n) = 3 \times \left(\frac{1}{2}\right)^n u(n) - 2 \cdot 2^n u(-n-1)$$

(3) 当收敛域 $|z| > 2$ 时

$$F(z) = \frac{(5z-7)z^n}{(z-0.5)(z-2)}$$

$n \geq 0$，围线 C 内有极点 0.5 和 2；

$$x(n) = \text{Res}[F(z), 0.5] + \text{Res}[F(z), 2] = \left[3 \times \left(\frac{1}{2}\right)^n + 2 \times 2^n\right]u(n)$$

$n < 0$，由收敛域判断，这是一个因果序列，因此 $x(n) = 0$。

或者这样分析，围线 C 内有极点 0.5、2、0，但 0 是一个 n 阶极点，改求围线 C 外极点留数，围线 C 外无极点，所以 $x(n) = 0$。

最后得到

$$x(n) = \left[3 \times \left(\frac{1}{2}\right)^n + 2 \times 2^n\right]u(n)$$

4. 已知 $x(n) = a^n u(n)$，$0 < a < 1$，分别求：

(1) $x(n)$ 的 Z 变换   (2) $nx(n)$ 的 Z 变换

(3) $a^{-n}u(n)$ 的 Z 变换

【解】 (1) $Z[x(n)] = \displaystyle\sum_{n=0}^{\infty} a^n \cdot z^{-n} = \frac{1}{1-az^{-1}}$ $(|z| > a)$

(2) $Z[nx(n)] = -z\dfrac{\mathrm{d}X(z)}{\mathrm{d}z} = \dfrac{az}{(z-a)^2}$ $(|z| > a)$

$(3) Z[a^{-n}u(n)] = \sum_{n=0}^{+\infty} a^{-n} \cdot z^{-n} = \dfrac{1}{1-a^{-1}z^{-1}} \left(|z| > \dfrac{1}{a} \right)$

5. 已知序列 $x(n)$ 的 Z 变换 $X(z)$ 的零、极点（均为一阶）如图 3.9 所示。

(1) 如果已知 $x(n)$ 的傅里叶变换是收敛的，试求 $X(z)$ 的收敛域，并确定 $x(n)$ 是右边序列、左边序列或双边序列；

(2) 如果不知道序列 $x(n)$ 的傅里叶变换是否收敛，但知道序列是双边序列，试问图 3.9 所示的零、极点图可能对应多少个不同的序列，请写出具体表达式，并指出每种可能序列的 Z 变换的收敛域。

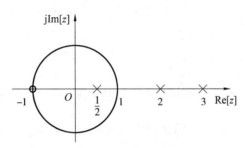

图 3.9　题 5 图

【解】 (1) 根据极、零点图得到 $x(n)$ 的 Z 变换

$$X(z) = A \cdot \dfrac{z+1}{\left(z-\dfrac{1}{2}\right)(z-2)(z-3)}$$

为方便，取 $A = 1$. 因傅里叶变换收敛，所以单位圆在收敛域内，因而收敛域为 $\dfrac{1}{2} < |z| < 2$，故 $x(n)$ 是双边序列。

(2) 因为 $x(n)$ 是双边序列，所以它的 Z 变换的收敛域是一个圆环。根据极点分布情况，收敛域有两种可能：$\dfrac{1}{2} < |z| < 2$ 或 $2 < |z| < 3$。

采用留数定理法求对应的序列，被积函数为

$$X(z)z^{n-1} = \dfrac{z+1}{\left(z-\dfrac{1}{2}\right)(z-2)(z-3)}z^{n-1}$$

对于收敛域 $\dfrac{1}{2} < |z| < 2$，被积函数有 1 个极点 $z = \dfrac{1}{2}$ 在积分围线内，故得

$$x(n) = \text{Res}\left[X(z)z^{n-1}, \dfrac{1}{2}\right]$$

$$= \dfrac{(z+1)z^{n-1}}{(z-2)(z-3)}\bigg|_{z=\frac{1}{2}} = 0.8 \times \left(\dfrac{1}{2}\right)^{n} \quad (n \geqslant 1)$$

被积函数有 2 个极点 $z_1 = 2$ 和 $z_2 = 3$ 在积分围线外，又因为分母多项式的阶比分子多项

式的阶高 $3-n>2$(因 $n\leqslant 0$),故

$$x(n)=-\operatorname{Res}[X(z)z^{n-1},z_1]-\operatorname{Res}[X(z)z^{n-1},z_2]$$

$$=\frac{-(z+1)z^{n-1}}{(z-\frac{1}{2})(z-3)}\Big|_{z=2}-\frac{(z+1)z^{n-1}}{(z-\frac{1}{2})(z-2)}\Big|_{z=3}$$

$$=2^n-\frac{8}{15}\times 3^n \quad (n\leqslant 0)$$

最后得到

$$x(n)=\begin{cases}0.8\cdot(\frac{1}{2})^n & (n\geqslant 1)\\[2mm]2^n-\dfrac{8}{15}\times 3^n & (n\leqslant 0)\end{cases}$$

对于收敛域 $2<|z|<3$,被积函数有 2 个极点 $z_1=\frac{1}{2}$ 和 $z_2=2$ 在积分围线内,故

$$x(n)=\operatorname{Res}[X(z)z^{n-1},z_1]+\operatorname{Res}[X(z)z^{n-1},z_2]$$

$$=\frac{(z+1)z^{n-1}}{(z-2)(z-3)}\Big|_{z=\frac{1}{2}}+\frac{(z+1)z^{n-1}}{\left(z-\frac{1}{2}\right)(z-3)}\Big|_{z=2}$$

$$=0.8\times\left(\frac{1}{2}\right)^n-2^n \quad (n\geqslant 1)$$

被积函数有 1 个极点 $z=3$ 在积分围线外,又因分母多项式的阶比分子多项式的阶高 $3-n>2$(因 $n\leqslant 0$),故

$$x(n)=-\operatorname{Res}[X(z)z^{-1},3]$$

$$=\frac{-(z+1)z^{n-1}}{\left(z-\frac{1}{2}\right)(z-2)}\Big|_{z=3}=-\frac{8}{15}\times 3^n \quad (n\leqslant 0)$$

最后得

$$x(n)=\begin{cases}0.8\cdot\left(\dfrac{1}{2}\right)^n-2^n & (n\geqslant 1)\\[2mm]-\dfrac{8}{15}\times 3^n & (n\leqslant 0)\end{cases}$$

6.用留数法求下列 Z 变换的反变换。

(1) $X(z)=\dfrac{z(z-1)}{(z+1)\left(z+\dfrac{1}{3}\right)} \quad (|z|>1)$

(2) $X(z)=\dfrac{z(z-1)}{(z+1)\left(z+\dfrac{1}{3}\right)} \quad \left(|z|<\dfrac{1}{3}\right)$

(3) $X(z) = \dfrac{z(z-1)}{(z+1)\left(z+\dfrac{1}{3}\right)}$ $\left(\dfrac{1}{3} < |z| < 1\right)$

【解】 被积函数：$X_1(z)z^{n-1} = X_2(z)z^{n-1} = X_3(z)z^{n-1} = \dfrac{(z-1)z^n}{(z+1)\left(z+\dfrac{1}{3}\right)}$

(1) 收敛域 $|z| > 1$ 对应于因果序列。在 $n \geqslant 0$ 时，被积函数在积分围线内有 2 个极点 -1 和 $-\dfrac{1}{3}$，因此

$$x(n) = \mathrm{Res}\left[\frac{(z-1)z^n}{(z+1)\left(z+\dfrac{1}{3}\right)}, -1\right] + \mathrm{Res}\left[\frac{(z-1)z^n}{(z+1)\left(z+\dfrac{1}{3}\right)}, -\frac{1}{3}\right]$$

$$= \left.\frac{(z-1)z^n}{z+\dfrac{1}{3}}\right|_{z=-1} + \left.\frac{(z-1)z^n}{z+1}\right|_{z=-\frac{1}{3}} = 3(-1)^n - 2\left(-\frac{1}{3}\right)^n \quad (n \geqslant 0)$$

(2) 收敛域 $|z| < \dfrac{1}{3}$ 对应于非因果序列。在 $n < 0$ 时，被积函数在积分围线外有 2 个极点 -1 和 $-\dfrac{1}{3}$；且被积函数在 $z = \infty$ 处有 $2-(n+1) = 1-n \geqslant 2$ 阶零点，因此得

$$x(n) = -\mathrm{Res}\left[\frac{(z-1)z^n}{(z+1)\left(z+\dfrac{1}{3}\right)}, -1\right] - \mathrm{Res}\left[\frac{(z-1)z^n}{(z+1)\left(z+\dfrac{1}{3}\right)}, -\frac{1}{3}\right]$$

$$= -\left.\frac{(z-1)z^n}{z+\dfrac{1}{3}}\right|_{z=-1} - \left.\frac{(z-1)z^n}{z+1}\right|_{z=-\frac{1}{3}} = -3(-1)^n + 2\left(-\frac{1}{3}\right)^n \quad (n < 0)$$

(3) 收敛域 $\dfrac{1}{3} < |z| < 1$ 对应于双边序列。当 $n \geqslant 0$ 时，被积函数在积分围线内有 1 个极点 $-\dfrac{1}{3}$，故

$$x(n) = \mathrm{Res}\left[\frac{(z-1)z^n}{(z+1)\left(z+\dfrac{1}{3}\right)}, -\frac{1}{3}\right]$$

$$= \left.\frac{(z-1)z^n}{(z+1)}\right|_{z=-\frac{1}{3}} = -2\left(-\frac{1}{3}\right)^n \quad (n \geqslant 0)$$

当 $n < 0$ 时，被积函数在积分围线外有 1 个极点 -1，且被积函数在 $z = \infty$ 处有 $2-(n+1) = 1-n \geqslant 2$ 阶零点，因此

$$x(n) = -\left.\frac{(z-1)z^n}{z+\dfrac{1}{3}}\right|_{z=-1} = -3(-1)^n \quad (n < 0)$$

最后得

$$x(n) = \begin{cases} -2\left(-\dfrac{1}{3}\right)^n & (n \geqslant 0) \\[2mm] -3(-1)^n & (n < 0) \end{cases}$$

7.有一信号 $y(n)$，它与另两个信号 $x_1(n)$ 和 $x_2(n)$ 的关系是 $y(n) = x_1(n+3) *$ $x_2(-n-1)$，其中 $x_1(n) = (\frac{1}{2})^n u(n)$，$x_2(n) = (\frac{1}{3})^n u(n)$。已知 $Z[a^n u(n)] = \dfrac{1}{1-az^{-1}}$，$|z| > |a|$，利用 Z 变换的性质求 $y(n)$ 的 Z 变换 $Y(z)$。

【解】 分析：

a. 移位定理

$$x(n) \Leftrightarrow X(z), \quad x(-n) \Leftrightarrow X(z^{-1})$$

$$x(n+m) \Leftrightarrow z^m X(z), \quad x(-n+m) \Leftrightarrow z^{-m} X(z^{-1})$$

b. 若 $y(n) = x_1(n) * x_2(n)$，则 $Y(z) = X_1(z) \cdot X_2(z)$

$$x_1(n) \overset{Z变换}{\Rightarrow} \frac{1}{1-\dfrac{1}{2}z^{-1}}, \quad x_2(n) \overset{Z变换}{\Rightarrow} \frac{1}{1-\dfrac{1}{3}z^{-1}}$$

$$x_1(n+3) \overset{Z变换}{\Rightarrow} \frac{z^3}{1-\dfrac{1}{2}z^{-1}} \quad \left(|z| > \frac{1}{2}\right)$$

$$x_2(-n) \overset{Z变换}{\Rightarrow} \frac{1}{1-\dfrac{1}{3}z} \quad \left(|z^{-1}| > \frac{1}{3}\right)$$

$$x_2(-n-1) \overset{Z变换}{\Rightarrow} \frac{z}{1-\dfrac{1}{3}z} \quad \left(|z^{-1}| > \frac{1}{3}\right)$$

而

$$y(n) = x_1(n+3) * x_2(-n-1)$$

所以

$$Y(z) = Z[x_1(n+3)] \cdot Z[x_2(-n-1)]$$

$$= \frac{z^3}{1-\dfrac{1}{2}z^{-1}} \cdot \frac{z}{1-\dfrac{1}{3}z} = -\frac{3z^5}{(z-3)\left(z-\dfrac{1}{2}\right)} \quad \left(\frac{1}{2} < |z| < 3\right)$$

8.利用 Z 变换求以下序列 $x(n)$ 的频谱 $X(j\omega)$（即 $x(n)$ 的傅里叶变换）。

(1) $\delta(n-n_0)$ (2) $e^{-an}u(n)$ (3) $e^{-(\sigma+j\omega_0)n}u(n)$

(4) $e^{-an}u(n)\cos(\omega_0 n)$

【解】 (1) $FT[\delta(n-n_0)] = Z[\delta(n-n_0)]_{z=e^{j\omega}} = e^{-j\omega n_0}$

(2) $FT[e^{-an}u(n)] = Z[e^{-an}u(n)]_{z=e^{j\omega}} = \dfrac{z}{z-e^{-a}}\Big|_{z=e^{j\omega}} = \dfrac{e^{j\omega}}{e^{j\omega}-e^{-a}}$

(3)$\mathrm{FT}[\mathrm{e}^{-(\sigma+\mathrm{j}\omega_0)n}u(n)]=\dfrac{z}{z-\mathrm{e}^{-(\sigma+\mathrm{j}\omega_0)}}\bigg|_{z=\mathrm{e}^{\mathrm{j}\omega}}=\dfrac{\mathrm{e}^{\mathrm{j}\omega}}{\mathrm{e}^{\mathrm{j}\omega}-\mathrm{e}^{-(\sigma+\mathrm{j}\omega_0)}}$

(4)$\mathrm{FT}[\mathrm{e}^{-an}u(n)\cos(\omega_0 n)]=Z[\mathrm{e}^{-an}u(n)\cos(\omega_0 n)]_{z=\mathrm{e}^{\mathrm{j}\omega}}$

$$=Z\Big[\mathrm{e}^{-an}u(n)\frac{1}{2}(\mathrm{e}^{\mathrm{j}\omega_0 n}+\mathrm{e}^{-\mathrm{j}\omega_0 n})\Big]_{z=\mathrm{e}^{\mathrm{j}\omega}}$$

$$=Z\Big[\frac{1}{2}(\mathrm{e}^{(\mathrm{j}\omega_0-a)n}+\mathrm{e}^{-(\mathrm{j}\omega_0+a)n})u(n)\Big]_{z=\mathrm{e}^{\mathrm{j}\omega}}$$

$$=\frac{1}{2}\Big[\frac{z}{z-\mathrm{e}^{\mathrm{j}\omega_0-a}}+\frac{z}{z-\mathrm{e}^{-\mathrm{j}\omega_0-a}}\Big]_{z=\mathrm{e}^{\mathrm{j}\omega}}$$

$$=\frac{1}{2}\Big[\frac{\mathrm{e}^{\mathrm{j}\omega}}{\mathrm{e}^{\mathrm{j}\omega}-\mathrm{e}^{\mathrm{j}\omega_0-a}}+\frac{\mathrm{e}^{\mathrm{j}\omega}}{\mathrm{e}^{\mathrm{j}\omega}-\mathrm{e}^{-\mathrm{j}\omega_0-a}}\Big]$$

9. 若 $x_1(n)$、$x_2(n)$ 是因果稳定的实序列,求证

$$\frac{1}{2\pi}\int_{-\pi}^{\pi}X_1(\mathrm{j}\omega)X_2(\mathrm{j}\omega)\mathrm{d}\omega=\Big\{\frac{1}{2\pi}\int_{-\pi}^{\pi}X_1(\mathrm{j}\omega)\mathrm{d}\omega\Big\}\Big\{\frac{1}{2\pi}\int_{-\pi}^{\pi}X_2(\mathrm{j}\omega)\mathrm{d}\omega\Big\}$$

【证明】　设

$$y(n)=x_1(n)*x_2(n)$$

$$Y(z)=X_1(z)\cdot X_2(z)$$

则

$$Y(\mathrm{j}\omega)=X_1(\mathrm{j}\omega)\cdot X_2(\mathrm{j}\omega)$$

则

$$\frac{1}{2\pi}\int_{-\pi}^{\pi}X_1(\mathrm{j}\omega)\cdot X_2(\mathrm{j}\omega)\mathrm{e}^{\mathrm{j}\omega n}\mathrm{d}\omega$$

$$=\frac{1}{2\pi}\int_{-\pi}^{\pi}Y(\mathrm{j}\omega)\mathrm{e}^{\mathrm{j}\omega n}\mathrm{d}\omega=y(n)=x_1(n)*x_2(n)$$

而

$$\frac{1}{2\pi}\int_{-\pi}^{\pi}X_1(\mathrm{j}\omega)\cdot X_2(\mathrm{j}\omega)\mathrm{d}\omega=x_1(n)*x_2(n)\big|_{n=0}$$

$$=\Big[\sum_{k=0}^{n}x_1(k)x_2(n-k)\Big]_{n=0}$$

$$=x_1(0)\cdot x_2(0)$$

又因为

$$x_1(n)=\frac{1}{2\pi}\int_{-\pi}^{\pi}X_1(\mathrm{j}\omega)\mathrm{e}^{\mathrm{j}\omega n}\mathrm{d}\omega,\quad x_2(n)=\frac{1}{2\pi}\int_{-\pi}^{\pi}X_2(\mathrm{j}\omega)\mathrm{e}^{\mathrm{j}\omega n}\mathrm{d}\omega$$

则

$$x_1(0)=\frac{1}{2\pi}\int_{-\pi}^{\pi}X_1(\mathrm{j}\omega)\mathrm{d}\omega,\quad x_2(0)=\frac{1}{2\pi}\int_{-\pi}^{\pi}X_2(\mathrm{j}\omega)\mathrm{d}\omega$$

得证。

10.设系统由下面差分方程描述

$$y(n) = y(n-1) + y(n-2) + x(n-1)$$

(1)求系统的系统函数 $H(z)$,并画出零、极点分布图;

(2)限定系统是因果的,写出 $H(z)$ 的收敛域,求出其单位冲激响应 $h(n)$;

(3)限定系统是稳定的,写出 $H(z)$ 的收敛域,并求出其单位冲激响应 $h(n)$。

【解】 (1)对差分方程两边进行 Z 变换,得

$$Y(z) = Y(z)z^{-1} + Y(z)z^{-2} + X(z)z^{-1}$$

因此

$$H(z) = \frac{z^{-1}}{1 - z^{-1} - z^{-2}} = \frac{z}{z^2 - z - 1}$$

零点:$z_0 = 0$

极点:$z_1 = \dfrac{1+\sqrt{5}}{2}, z_2 = \dfrac{1-\sqrt{5}}{2}$

零、极点图如图 3.10 所示。

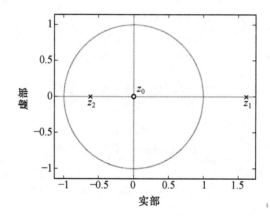

图 3.10 零、极点图

(2)由于限定系统是因果的,需选包含 ∞ 在内的收敛域,即 $|z| > \dfrac{1+\sqrt{5}}{2}$。

$$h(n) = \frac{1}{2\pi j} \oint_C H(z) z^{n-1} dz$$

令

$$F(z) = H(z) z^{n-1} = \frac{z^n}{(z-z_1)(z-z_2)} \quad (n \geqslant 0)$$

$$h(n) = \text{Res}[F(z), z_1] + \text{Res}[F(z), z_2]$$

$$= \frac{z^n}{(z-z_1)(z-z_2)}(z-z_1)\Big|_{z=z_1} + \frac{z^n}{(z-z_1)(z-z_2)}(z-z_2)\Big|_{z=z_2}$$

$$= \frac{z_1^n}{z_1 - z_2} + \frac{z_2^n}{z_2 - z_1}$$

$$= \frac{1}{\sqrt{5}} \left[\left(\frac{1+\sqrt{5}}{2} \right)^n - \left(\frac{1-\sqrt{5}}{2} \right)^n \right]$$

因为 $h(n)$ 是因果序列, $n < 0$ 时, $h(n) = 0$, 所以

$$h(n) = \frac{1}{\sqrt{5}} \left[\left(\frac{1+\sqrt{5}}{2} \right)^n - \left(\frac{1-\sqrt{5}}{2} \right)^n \right] u(n)$$

(3) 由于限定系统是稳定的, 需选包含单位圆在内的收敛域, 即 $|z_2| < |z| < |z_1|$, 令

$$F(z) = H(z) z^{n-1} = \frac{z^n}{(z - z_1)(z - z_2)}$$

$n \geqslant 0$, 围线 C 内只有极点 z_2, 只需求 z_2 点的留数,

$$h(n) = \text{Res}[F(z), z_2] = -\frac{1}{\sqrt{5}} \left(\frac{1-\sqrt{5}}{2} \right)^n$$

$n < 0$, 围线 C 内有两个极点 z_2 和 $z = 0$, 因为 $z = 0$ 是一个 n 阶极点, 改成求围线 C 外极点留数, 围线 C 外极点只有一个, 即 z_1, 那么

$$h(n) = -\text{Res}[F(z), z_1] = -\frac{1}{\sqrt{5}} \left(\frac{1+\sqrt{5}}{2} \right)^n$$

最后得到

$$h(n) = -\frac{1}{\sqrt{5}} \left(\frac{1-\sqrt{5}}{2} \right)^n u(n) - \frac{1}{\sqrt{5}} \left(\frac{1+\sqrt{5}}{2} \right)^n u(-n-1)$$

11. 已知线性因果系统用下面的差分方程来描述

$$y(n) = 0.9y(n-1) + x(n) + 0.9x(n-1)$$

(1) 求系统函数 $H(z)$ 及单位冲激响应 $h(n)$;

(2) 写出频率响应 $H(j\omega)$ 的表达式;

(3) 设输入 $x(n) = e^{j\omega_0 n}$, 求系统输出 $y(n)$。

【解】　(1) 由

$$y(n) = 0.9y(n-1) + x(n) + 0.9x(n-1)$$

得

$$Y(z) = 0.9Y(z)z^{-1} + X(z) + 0.9X(z)z^{-1}$$

所以

$$H(z) = \frac{1 + 0.9z^{-1}}{1 - 0.9z^{-1}}$$

$$h(n) = \frac{1}{2\pi j} \oint_C H(z) z^{n-1} \, dz$$

围线积分法(留数法)

令

$$F(z) = H(z) z^{n-1} = \frac{z + 0.9}{z - 0.9} z^{n-1}$$

$n \geqslant 1$，围线 C 内有极点 0.9

$$h(n) = \text{Res}\left[F(z), 0.9\right] = \frac{z + 0.9}{z - 0.9} z^{n-1} (z - 0.9) \mid_{z=0.9} = 2 \cdot 0.9^n$$

$n = 0$，围线 C 内有极点 0.9 和 0

$$h(n) = \text{Res}\left[F(z), 0.9\right] + \text{Res}\left[F(z), 0\right]$$

其中

$$\text{Res}\left[F(z), 0.9\right] = \frac{z + 0.9}{z - 0.9} z^{n-1} (z - 0.9) \mid_{z=0.9} = 2$$

$$\text{Res}\left[F(z), 0\right] = \frac{z + 0.9}{z \cdot (z - 0.9)} z \mid_{z=0} = -1$$

所以

$$h(0) = 1$$

最后得到

$$h(n) = 2 \cdot 0.9^n u(n-1) + \delta(n)$$

（2）

$$H(j\omega) = \frac{1 + 0.9z^{-1}}{1 - 0.9z^{-1}} \mid_{z=e^{j\omega}} = \frac{1 + 0.9e^{-j\omega}}{1 - 0.9e^{-j\omega}}$$

极点 $z_1 = 0.9$，零点 $z_0 = -0.9$，零、极点分布图如图 3.11 所示，幅频特性曲线如图 3.12 所示。

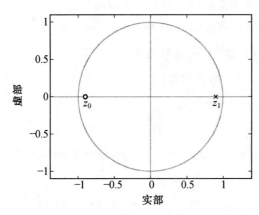

图 3.11　零、极点分布图

（3）

$$y(n) = e^{j\omega_0 n} H\left[j\omega_0\right] = e^{j\omega_0 n} \frac{1 + 0.9e^{-j\omega_0}}{1 - 0.9e^{-j\omega_0}}$$

注：

$$y(m) = \frac{1}{2\pi} \int_{-\pi}^{\pi} H(j\omega) \cdot \left(\sum_{n=-\infty}^{\infty} e^{j\omega_0 n} \cdot e^{-j\omega n} \right) e^{j\omega m} d\omega$$

$$= \sum_{n=-\infty}^{\infty} e^{j\omega_0 n} \left(\frac{1}{2\pi} \int_{-\pi}^{\pi} H(j\omega) \cdot e^{-j\omega n} e^{j\omega m} d\omega \right)$$

$$= \sum_{n=-\infty}^{\infty} e^{j\omega_0 n} h(m-n) \xrightarrow{\quad m-n=n' \quad} \sum_{n'=-\infty}^{\infty} e^{j\omega_0(m-n')} h(n')$$

$$= e^{j\omega_0 m} \sum_{n'=-\infty}^{\infty} e^{-j\omega_0 n'} h(n') = e^{j\omega_0 m} H(j\omega_0)$$

即

$$y(n) = e^{j\omega_0 n} H(j\omega_0) = x(n) \cdot H(j\omega_0)$$

或者

$$y(m) = \frac{1}{2\pi} \int_{-\pi}^{\pi} H(j\omega) \cdot \left(\sum_{n=-\infty}^{\infty} e^{j\omega_0 n} \cdot e^{-j\omega n} \right) e^{j\omega m} d\omega$$

$$= \frac{1}{2\pi} \int_{-\pi}^{\pi} H(j\omega) \cdot 2\pi \cdot \delta(\omega - \omega_0) e^{j\omega m} d\omega$$

$$= e^{j\omega_0 m} H(j\omega_0)$$

即

$$y(n) = e^{j\omega_0 n} \cdot H(j\omega_0) = x(n) \cdot H(j\omega_0)$$

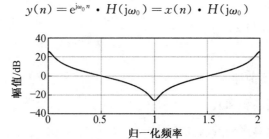

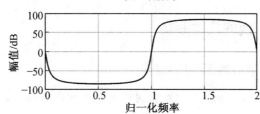

图 3.12　幅频特性曲线

第 4 章

离散傅里叶变换

4.1　学习要点

本章主要内容：

(1) 傅里叶变换的几种形式。

(2) 周期序列的离散傅里叶级数。

(3) 离散傅里叶级数的性质。

(4) 周期卷积。

(5) 离散傅里叶变换。

(6) 离散傅里叶变换与 Z 变换的关系。

(7) 频域抽样定理。

(8) 离散傅里叶变换的性质。

(9) 循环卷积(圆周卷积和)。

(10) 用循环卷积计算序列的线性卷积。

4.1.1　傅里叶变换的几种形式

1. 连续时间、连续频率的傅里叶变换

连续时间非周期信号 $x(t)$，可以计算它的频谱密度函数 $X(\mathrm{j}\Omega)$：

$$X(\mathrm{j}\Omega) = \int_{-\infty}^{+\infty} x(t)\mathrm{e}^{-\mathrm{j}\Omega t}\,\mathrm{d}t$$

$$x(t) = \frac{1}{2\pi}\int_{-\infty}^{+\infty} X(\mathrm{j}\Omega)\mathrm{e}^{\mathrm{j}\Omega t}\,\mathrm{d}\Omega$$

时域的连续性对应频域的非周期性，而时域非周期性则对应频域的连续谱。

2. 连续时间、离散频率的傅里叶变换 —— 傅里叶级数

如果 $x(t)$ 是连续时间周期信号，周期为 T_{p}，则可将 $x(t)$ 展成傅里叶级数，其傅里叶级

数的系数记为 $X(\mathrm{j}k\Omega_0)$，$X(\mathrm{j}k\Omega_0)$ 是离散频率的非周期函数，$x(t)$ 和 $X(\mathrm{j}k\Omega_0)$ 组成变换对：

$$X(\mathrm{j}k\Omega_0) = \frac{1}{T_p} \int_{-\frac{T_p}{2}}^{\frac{T_p}{2}} x(t) \mathrm{e}^{-\mathrm{j}k\Omega_0 t} \mathrm{d}t$$

$$x(t) = \sum_{k=-\infty}^{+\infty} X(\mathrm{j}k\Omega_0) \mathrm{e}^{\mathrm{j}k\Omega_0 t}$$

式中　　Ω_0—— 离散频谱相邻两谱线的角频率间隔，$\Omega_0 = 2\pi F = \dfrac{2\pi}{T_p}$；

　　　　k—— 谐波序号。

时域的连续性对应频域的非周期性，而时域周期特性则对应频域的离散谱。

3. 离散时间、连续频率的傅里叶变换 —— 序列的傅里叶变换

序列的傅里叶变换对：

$$X(\mathrm{j}\omega) = \sum_{n=-\infty}^{+\infty} x(n) \mathrm{e}^{-\mathrm{j}\omega n}$$

$$x(n) = \frac{1}{2\pi} \int_{-\pi}^{\pi} X(\mathrm{j}\omega) \mathrm{e}^{\mathrm{j}\omega n} \mathrm{d}\omega$$

时域的离散对应频域的周期特性，而时域的非周期性则对应频域的连续谱。

4. 离散时间、离散频率的傅里叶变换 —— 离散傅里叶级数

计算机只能用来处理离散的信号，因此我们感兴趣的是时域和频域都是离散的情况，即离散傅里叶级数：

$$X(k) = \sum_{n=0}^{N-1} x(n) \mathrm{e}^{-\mathrm{j}\frac{2\pi}{N}nk}$$

$$x(n) = \frac{1}{N} \sum_{k=0}^{N-1} X(k) \mathrm{e}^{\mathrm{j}\frac{2\pi}{N}nk}$$

时域的离散对应频域的周期特性，而时域的周期特性则对应频域的离散谱。

4.1.2　周期序列的离散傅里叶级数

离散傅里叶级数对：

$$X_p(k) = \mathrm{DFS}[x_p(n)] = \sum_{n=0}^{N-1} x_p(n) \mathrm{e}^{-\mathrm{j}\frac{2\pi}{N}nk} = \sum_{n=0}^{N-1} x_p(n) W_N^{nk} \tag{4.1}$$

$$x_p(n) = \mathrm{IDFS}[X_p(k)] = \frac{1}{N} \sum_{k=0}^{N-1} X_p(k) \mathrm{e}^{\mathrm{j}\frac{2\pi}{N}nk} = \frac{1}{N} \sum_{k=0}^{N-1} X_p(k) W_N^{-nk} \tag{4.2}$$

只有 N 个序列值有独立的信息，因而这就和有限长序列有着本质的联系。

4.1.3　离散傅里叶级数的性质

设两个周期皆为 N 的周期序列 $x_p(n)$、$y_p(n)$ 的离散傅里叶级数分别为

$$\text{DFS}[x_\text{p}(n)] = X_\text{p}(k)$$

$$\text{DFS}[y_\text{p}(n)] = Y_\text{p}(k)$$

1. 线性

$$\text{DFS}[ax_\text{p}(n) + by_\text{p}(n)] = aX_\text{p}(k) + bY_\text{p}(k)$$

式中　a、b——任意常数。

2. 序列的位移

$$\text{DFS}[x_\text{p}(n+m)] = W_N^{-mk} X_\text{p}(k)$$

$$\text{IDFS}[X_\text{p}(k+l)] = W_N^{ln} x_\text{p}(n)$$

如果 m、$l \geqslant N$，则 m、l 分别用 m'、l' 代替，其中 $m' = m(\text{mod } N)$，$l' = l(\text{mod } N)$。

3. 对称性

（1）若

$$x_\text{p}(n) = \text{Re}[x_\text{p}(n)] + \text{jIm}[x_\text{p}(n)]$$

$$X_\text{p}(k) = X_\text{pe}(k) + X_\text{po}(k)$$

则

$$\text{DFS}\{\text{Re}[x_\text{p}(n)]\} = X_\text{pe}(k)$$

$$\text{DFS}\{\text{jIm}[x_\text{p}(n)]\} = X_\text{po}(k)$$

（2）若

$$x_\text{p}(n) = x_\text{pe}(n) + x_\text{po}(n)$$

$$X_\text{p}(k) = \text{Re}[X_\text{p}(k)] + \text{jIm}[X_\text{p}(k)]$$

则

$$\text{DFS}[x_\text{pe}(n)] = \text{Re}[X_\text{p}(k)]$$

$$\text{DFS}[x_\text{po}(n)] = \text{jIm}[X_\text{p}(k)]$$

4.1.4　周期卷积

对于两个周期同为 N 的周期序列 $x_\text{p1}(n)$ 和 $x_\text{p2}(n)$，定义它们的周期卷积为

$$x_\text{p3}(n) = \sum_{m=0}^{N-1} x_\text{p1}(m) x_\text{p2}(n-m) = x_\text{p1}(n) * x_\text{p2}(n) \qquad (4.3)$$

它可以用两序列的离散傅里叶级数的乘积的逆离散傅里叶级数来计算，即如果

$$\text{DFS}[x_\text{p1}(n)] = X_\text{p1}(k)$$

$$\text{DFS}[x_\text{p2}(n)] = X_\text{p2}(k)$$

$$X_\text{p3}(k) = X_\text{p1}(k) X_\text{p2}(k)$$

$$x_\text{p3}(n) = \text{IDFS}[X_\text{p3}(k)]$$

则

$$x_{p3}(n) = \sum_{m=0}^{N-1} x_{p1}(m) x_{p2}(n-m) = x_{p1}(n) * x_{p2}(n)$$

周期卷积与线性卷积的区别:

① 周期卷积中参与运算的两个序列都是周期为 N 的周期序列;

② 周期卷积只限于一个周期内求和,即 $m = 0, 1, \cdots, N-1$;

③ 周期卷积的计算结果也是一个周期为 N 的周期序列。

4.1.5　离散傅里叶变换

有限长序列的离散傅里叶变换为

$$X(k) = \text{DFT}[x(n)] = \sum_{n=0}^{N-1} x(n) W_N^{nk} \quad (0 \leqslant k \leqslant N-1) \tag{4.4}$$

$$x(n) = \text{IDFT}[X(k)] = \frac{1}{N} \sum_{k=0}^{N-1} X(k) W_N^{-nk} \quad (0 \leqslant n \leqslant N-1) \tag{4.5}$$

凡是说到离散傅里叶变换关系之处,有限长序列都是作为周期序列的一个周期来表示的,具有隐含周期性,尤其在涉及其位移特性时更要注意。

4.1.6　Z 变换的抽样

长度为 N 的有限长序列的离散傅里叶变换等于其 Z 变换在单位圆上 N 个等间隔点的抽样值,也即等于其傅里叶变换在 2π 范围内等间隔点 $\omega_k = \left(\dfrac{2\pi}{N}\right) \cdot k$ 上的抽样值,即

$$X(z) \big|_{z = e^{j\frac{2\pi}{N}k}} = \text{DFT}[x(n)] \tag{4.6}$$

频域抽样定理:

有限长序列 $x(n)$ 的离散傅里叶变换 $X(k)$,实质上是其傅里叶变换 $X(j\omega)$ 在 $[0, 2\pi)$ 范围内等间隔的抽样值。设 $x(n)$ 的长度为 M,只有保证在频域 $[0, 2\pi)$ 范围内的抽样点数 N 不小于 M 的条件下,即只有当 $N \geqslant M$ 时,才能由频域抽样序列 $X(k)$ 不失真地恢复 $X(j\omega)$ 或 $X(z)$,否则会产生时域混叠现象。

内插公式:

$$\begin{aligned}
X(z) &= \sum_{n=0}^{N-1} \left[\frac{1}{N} \sum_{k=0}^{N-1} X(k) W_N^{-kn} \right] z^{-n} \\
&= \frac{1}{N} \sum_{k=0}^{N-1} X(k) \left[\sum_{n=0}^{N-1} W_N^{-kn} z^{-n} \right] \\
&= \frac{1}{N} \sum_{k=0}^{N-1} X(k) \frac{1 - W_N^{-Nk} z^{-N}}{1 - W_N^{-k} z^{-1}} \\
&= \frac{1 - z^{-N}}{N} \sum_{k=0}^{N-1} \frac{X(k)}{1 - W_N^{-k} z^{-1}}
\end{aligned} \tag{4.7}$$

将内插公式(4.7)表示成

$$X(z) = \sum_{k=0}^{N-1} X(k) \Phi_k(z) \tag{4.8}$$

内插函数 $\Phi_k(z)$ 的特点：

(1) 内插函数 $\Phi_k(z)$ 只在本身抽样点 $\mathrm{e}^{\mathrm{j}\frac{2\pi}{N}k}$ 处不为零，在其他 $N-1$ 个抽样点 r 上 $\mathrm{e}^{\mathrm{j}\frac{2\pi}{N}r}$($r \neq k$) 都是零点，即有 $N-1$ 个零点。

(2) 内插函数 $\Phi_k(z)$ 在 $z=0$ 处有 $N-1$ 阶极点。

4.1.7 离散傅里叶变换的性质

讨论离散傅里叶变换的性质时，要注意 $x(n)$、$X(k)$ 的隐含周期性。

$$X_1(k) = \mathrm{DFT}[x_1(n)], \quad X_2(k) = \mathrm{DFT}[x_2(n)]$$

1. 线性

$$X_3(k) = \mathrm{DFT}[ax_1(n) + bx_2(n)] = aX_1(k) + bX_2(k)$$

式中 a、b——常数，若 $x_1(n)$ 与 $x_2(n)$ 的长度 N_1、N_2 不等，则 N 的取值应满足

$$N \geqslant \max[N_1, N_2]$$

2. 序列的循环位移

有限长序列 $x(n)$ 的循环位移定义为

$$x_1(n) = x(\langle n+m \rangle_N) R_N(n) \tag{4.9}$$

$$\mathrm{DFT}[x(n+m)] = W_N^{-km} \mathrm{DFT}[x(n)]$$

$$\mathrm{IDFT}[X(k+l)] = \mathrm{IDFT}[X(k)] W_N^{nl}$$

若式中 m、$l \geqslant N$，则用 $m' = m(\mathrm{mod}\, N)$，$l' = l(\mathrm{mod}\, N)$ 来代替 m 和 l。

3. 对称性

(1) 若

$$x(n) = \mathrm{Re}[x(n)] + \mathrm{jIm}[x(n)]$$

$$X(k) = X_{\mathrm{pet}}(k) + X_{\mathrm{pot}}(k)$$

则

$$\mathrm{DFT}\{\mathrm{Re}[x(n)]\} = X_{\mathrm{pet}}(k)$$

$$\mathrm{DFT}\{\mathrm{jIm}[x(n)]\} = X_{\mathrm{pot}}(k)$$

序列实部的离散傅里叶变换等于其离散傅里叶变换的周期共轭对称分量，其虚部的离散傅里叶变换等于其离散傅里叶变换的周期共轭反对称分量。

(2) 若

$$x(n) = x_{\mathrm{pet}}(n) + x_{\mathrm{pot}}(n)$$

$$X(k) = \text{Re}[X(k)] + j\text{Im}[X(k)]$$

则

$$\text{DFT}[x_{\text{pet}}(n)] = \text{Re}[X(k)]$$

$$\text{DFT}[x_{\text{pot}}(n)] = j\text{Im}[X(k)]$$

序列的周期共轭对称分量的离散傅里叶变换等于该序列离散傅里叶变换的实部；而其周期共轭反对称分量的离散傅里叶变换等于该序列离散傅里叶变换的虚部。

4.1.8　循环卷积(圆周卷积和)

循环卷积是周期卷积截取其主周期所得的结果，或者说是周期卷积在主周期内的值，即循环卷积为

$$x_3(n) = x_{\text{p3}}(n)R_N(n) = \left[\sum_{m=0}^{N-1} x_{\text{p1}}(m)x_{\text{p2}}(n-m)\right]R_N(n) \tag{4.10}$$

循环卷积可用两序列离散傅里叶变换乘积的逆离散傅里叶变换求得，即若

$$\text{DFT}[x_1(n)] = X_1(k), \quad \text{DFT}[x_2(n)] = X_2(k)$$

则

$$x_3(n) = \text{IDFT}[X_1(k)X_2(k)] = x_1(n) \text{Ⓝ} x_2(n) \tag{4.11}$$

4.1.9　用循环卷积计算序列的线性卷积

两个有限长序列 $x_1(n)$ 和 $x_2(n)$，设其长度分别为 N_1 和 N_2，它们的线性卷积为

$$y(n) = \sum_{m=-\infty}^{+\infty} x_1(m)x_2(n-m)$$

$x_1(n)$ 和 $x_2(n)$ 的 N 点循环卷积为

$$x_3(n) = x_{\text{p3}}(n)R_N(n)$$

循环卷积 $x_3(n)$ 是线性卷积 $y(n)$ 以 N 为周期的周期延拓序列 $y_\text{p}(n)$ 的主值序列。因此当 $N \geqslant N_1 + N_2 - 1$ 时，$x_3(n) = y(n)$，可以通过循环卷积实现线性卷积。

4.2　习题解答

1. 计算以下序列的 N 点 DFT，在变换区间 $0 \leqslant n \leqslant N-1$ 内，序列定义为

(1)$x(n) = 1$

(2)$x(n) = \delta(n)$

(3)$x(n) = \delta(n-n_0) \quad (0 < n_0 < N)$

(4)$x(n) = R_m(n) \quad (0 < m < N)$

(5)$x(n) = e^{j\frac{2\pi}{N}mn} \quad (0 < m < N)$

【解】 （1）

$$X(k) = \sum_{n=0}^{N-1} 1 \cdot W_N^{kn} = \sum_{n=0}^{N-1} e^{-j\frac{2\pi}{N}kn} = \frac{1 - e^{-j\frac{2\pi}{N}kN}}{1 - e^{-j\frac{2\pi}{N}k}} = \begin{cases} N & (k=0) \\ 0 & (k=1,2,\cdots,N-1) \end{cases}$$

$$(2) X(k) = \sum_{M=0}^{N-1} \delta(n) W_N^{kn} = \sum_{n=0}^{N-1} \delta(n) = 1 \quad (k=0,1,2,\cdots,N-1)$$

$$(3) X(k) = \sum_{n=0}^{N-1} \delta(n-n_0) W_N^{kn} = W_N^{kn_0} \sum_{n=0}^{N-1} \delta(n-n_0) = W_N^{kn_0} \quad (k=0,1,2,\cdots,N-1)$$

$$(4) X(k) = \sum_{n=0}^{m-1} W_N^{kn} = \frac{1 - W_N^{km}}{1 - W_N^{k}} = e^{-j\frac{\pi}{N}k(m-1)} \frac{\sin\left(\frac{\pi}{N}mk\right)}{\sin\left(\frac{\pi}{N}k\right)} \quad (k=0,1,2,\cdots,N-1)$$

$$(5) X(k) = \sum_{n=0}^{N-1} e^{j\frac{2\pi}{N}mn} \cdot W_N^{kn} = \sum_{n=0}^{N-1} e^{j\frac{2\pi}{N}(m-k)} = \frac{1 - e^{-j\frac{2\pi}{N}(m-k)N}}{1 - e^{-j\frac{2\pi}{N}(m-k)}} = \begin{cases} N & (k=m) \\ 0 & (k \neq m) \end{cases} \quad 0 \leqslant k \leqslant N-1$$

2.已知序列 $x(n) = a^n u(n)$，$0 < a < 1$，对 $x(n)$ 的 Z 变换 $X(z)$ 在单位圆上等间隔采样 N 点，采样值为

$$X(k) = X(z)\big|_{z=W_N^{-k}} \quad (k=0,1,\cdots,N-1)$$

求有限长序列 IDFT$[X(k)]$。

【解】 我们知道 $X(j\omega) = X(z)\big|_{z=e^{j\omega}}$ 是以 2π 为周期的周期函数，所以

$$X(\langle k\rangle_N) = X(z)\big|_{z=e^{j\frac{2\pi}{N}k}} \xrightarrow{\text{def}} X_p(k)$$

以 N 为周期，将 $X_p(k)$ 看作一周期序列 $x_p(n)$ 的 DFS 系数，则

$$x(n) = \frac{1}{N} \sum_{k=0}^{N-1} X_p(k) e^{j\frac{2\pi}{N}kn} = \frac{1}{N} \sum_{k=0}^{N-1} X_p(k) W_N^{-kn}$$

代入

$$X_p(k) = X(z)\big|_{z=e^{j\frac{2\pi}{N}k}=W_N^{-k}} = \sum_{n=-\infty}^{\infty} x(n) z^{-n}\big|_{z=W_N^{-k}} = \sum_{n=-\infty}^{\infty} x(n) W_N^{kn}$$

$$x_p(n) = \frac{1}{N} \sum_{k=0}^{N-1} \left(\sum_{m=-\infty}^{\infty} x(m) W_N^{km} \right) W_N^{-kn} = \sum_{m=-\infty}^{\infty} x(m) \frac{1}{N} \sum_{k=0}^{N-1} W_N^{k(m-n)}$$

由于

$$\frac{1}{N} \sum_{k=0}^{N-1} W_N^{k(m-n)} = \begin{cases} 1 & (m=n+lN) \\ 0 & (\text{其他 } m) \end{cases}$$

因此

$$x_p(n) = \sum_{l=-\infty}^{\infty} x(n+lN)$$

由题意知

$$X(k) = X_p(k) R_N(k)$$

所以根据有关 $X(k)$ 与 $x_N(n)$ 的周期延拓序列的 DFS 系数的关系有

$$x_N(n) = \text{IDFT}[X(k)] = x_p(n)R_N(n)$$

$$= \sum_{l=-\infty}^{\infty} x(n+lN)R_N(n)$$

$$= \sum_{l=-\infty}^{\infty} a^{n+lN}u(n+lN)R_N(n)$$

由于 $0 \leqslant n \leqslant N-1$，所以

$$u(n+lN) = \begin{cases} 1 & (n+lN \geqslant 0 \rightarrow l \geqslant 0) \\ 0 & (l < 0) \end{cases}$$

因此

$$x_N(n) = a^n \sum_{l=0}^{\infty} a^{lN} \cdot R_N(n) = \frac{a^n}{1-a^N}R_N(n)$$

3. 用计算机对实数序列做谱分析，要求谱分辨率 $\Delta f \leqslant 50$ Hz，信号最高频率为 1 kHz，试确定以下各参数：

(1) 最小记录时间 T_{pmin}；

(2) 最大抽样间隔 T_{max}；

(3) 最少采样点数 N_{min}；

(4) 在频带宽度不变的情况下，将频率分辨率提高一倍的 N 值。

【解】　(1) 记录时间即时域信号的时间长度。

$$T_{\text{pmin}} = N \cdot T_s = N/f_s = \frac{f_s}{\Delta f}/f_s = \frac{1}{\Delta f} \geqslant \frac{1}{50} = 0.02 \text{ s}$$

(2) $$T = \frac{1}{f_s} \leqslant \frac{1}{2F_{\text{max}}} = \frac{1}{2 \times 10^3} = 0.5 \text{ ms}$$

(3) $$N = \frac{f_s}{\Delta f} \geqslant \frac{2F_{\text{max}}}{\Delta f} = \frac{2 \times 10^3}{50} = 40$$

(4) 频带宽度不变就意味着采样间隔 T_s 不变，应该使记录时间扩大一倍为 0.04 s，实现频率分辨率提高 1 倍（Δf 变为原来的 1/2）。

$$N_{\text{min}} = \frac{0.04 \text{ s}}{0.5 \text{ ms}} = 80$$

4. 已知 $x(n)$ 为长度为 N 的有限长序列，$X(k) = \text{DFT}[x(n)]$，现将 $x(n)$ 的后面补零使其成为长度为 rN 点的有限长序列 $y(n)$：

$$y(n) = \begin{cases} x(n) & (0 \leqslant n \leqslant N-1) \\ 0 & (N \leqslant n \leqslant rN-1) \end{cases}$$

记 $Y(k) = \text{DFT}[y(n)]$，$0 \leqslant k \leqslant rN-1$，求 $Y(k)$ 与 $X(k)$ 的关系。

【解】

$$Y(k) = \sum_{n=0}^{rN-1} y(n) \mathrm{e}^{-\mathrm{j}\frac{2\pi}{rN}nk} = \sum_{n=0}^{N-1} x(n) \mathrm{e}^{-\mathrm{j}\frac{2\pi}{N} \cdot \frac{nk}{r}} = X\left(\frac{k}{r}\right) \quad (k = l \cdot r; l = 0, 1, \cdots, N-1)$$

在一个周期内，$Y(k)$ 的抽样点数是 $X(k)$ 的 r 倍，相当于在 $X(k)$ 的每两个值之间插入 $r-1$ 个其他的数值（sinc 插值），而当 k 为 r 的整数 l 倍时，$Y(k)$ 与 $X\left(\dfrac{k}{r}\right)$ 相等。

5. 已知 $x(n)$ 为长度为 N 的有限长序列，$X(k) = \mathrm{DFT}[x(n)]$，现将 $x(n)$ 的每两点之间补进 $r-1$ 个零值点，得到一个长度为 rN 点的有限长序列 $y(n)$：

$$y(n) = \begin{cases} x(n/r) & (n = ir, 0 \leqslant i \leqslant N-1) \\ 0 & (n \text{ 为其他值}) \end{cases}$$

记 $Y(k) = \mathrm{DFT}[y(n)]$，$0 \leqslant k \leqslant rN-1$，求 $Y(k)$ 与 $X(k)$ 的关系。

【解】 分析：

离散时域每两点间插入 $r-1$ 个零值点，相当于频域以 N 为周期延拓 r 次，即 $Y(k)$ 周期为 rN。

由

$$X(k) = \mathrm{DFT}[x(n)] = \sum_{n=0}^{N-1} x(n) W_N^{nk} \quad (0 \leqslant k \leqslant N-1)$$

可得

$$Y(k) = \mathrm{DFT}[y(n)] = \sum_{n=0}^{rN-1} y(n) W_{rN}^{nk}$$

$$= \sum_{i=0}^{N-1} x\left(\frac{ir}{r}\right) W_{rN}^{irk} = \sum_{i=0}^{N-1} x(i) W_N^{ik} \quad (0 \leqslant k \leqslant rN-1)$$

即

$$Y(k) = X(\langle k \rangle_N) R_{rN}(k)$$

所以 $Y(k)$ 是将 $X(k)$（周期为 N）延拓 r 次形成的，即 $Y(k)$ 周期为 rN。

6. 证明离散帕塞瓦尔定理：

若 $X(k) = \mathrm{DFT}[x(n)]$，则

$$\sum_{n=0}^{N-1} |x(n)|^2 = \frac{1}{N} \sum_{k=0}^{N-1} |X(k)|^2$$

【证明】

$$X(k) = \mathrm{DFT}[x(n)] = \begin{cases} \sum_{n=0}^{N-1} x(n) W_N^{kn} & (0 \leqslant k \leqslant N-1) \\ 0 & (k \text{ 为其他值}) \end{cases}$$

$$x(n) = \text{IDFT}[X(k)] = \begin{cases} \dfrac{1}{N} \displaystyle\sum_{k=0}^{N-1} X(k) W_N^{-kn} & (0 \leqslant n \leqslant N-1) \\ 0 & (n \text{ 为其他值}) \end{cases}$$

因为

$$|x(n)|^2 = x(n) x^*(n)$$

所以

$$\begin{aligned}
\sum_{n=0}^{N-1} |x(n)|^2 &= \sum_{n=0}^{N-1} x(n) x^*(n) \\
&= \sum_{n=0}^{N-1} x(n) \left[\frac{1}{N} \sum_{k=0}^{N-1} X(k) W_N^{-nk} \right]^* \\
&= \frac{1}{N} \sum_{k=0}^{N-1} X^*(k) \sum_{k=0}^{N-1} x(n) W_N^{nk} \\
&= \frac{1}{N} \sum_{k=0}^{N-1} X^*(k) X(k)
\end{aligned}$$

得证。

7. 一周期为 N 的周期序列 $x_p(n)$，其离散傅里叶级数的系数为 $X_p(k)$。若将 $x_p(n)$ 看成以 $2N$ 为周期的序列 $x_{p1}(n)$，其离散傅里叶级数的系数为 $X_{p1}(k)$。试用 $X_p(k)$ 表示 $X_{p1}(k)$。

【解】

$$x_p(n) \overset{\text{DFS}}{\Rightarrow} X_p(k)$$

$$x_{p1}(n) \overset{\text{DFS}}{\Rightarrow} X_{p1}(k)$$

$$X_p(k) = \sum_{n=0}^{N-1} x_p(n) W_N^{kn} = \sum_{n=0}^{N-1} x_p(n) e^{-j\frac{2\pi}{N}kn}$$

$$X_{p1}(k) = \sum_{n=0}^{2N-1} x_p(n) W_{2N}^{kn} = \sum_{n=0}^{N-1} x_p(n) e^{-j\frac{2\pi}{N} \cdot \frac{k}{2} n} + \sum_{n=N}^{2N-1} x_p(n) e^{-j\frac{2\pi}{N} \cdot \frac{k}{2} n}$$

令 $n' = n - N$，则

$$\begin{aligned}
X_{p1}(k) &= \sum_{n=0}^{N-1} x_p(n) e^{-j\frac{2\pi}{N} \cdot \frac{k}{2} n} + \sum_{n'=0}^{N-1} x_p(n'+N) e^{-j\frac{2\pi}{N} \cdot (n'+N) \frac{k}{2}} \\
&= (1 + e^{-jk\pi}) \sum_{n=0}^{N-1} x_p(n) e^{-j\frac{2\pi}{N} \cdot \frac{k}{2} n} \\
&= \begin{cases} 2 X_p\left(\dfrac{k}{2}\right) & (k \text{ 为偶数}) \\ 0 & (k \text{ 为奇数}) \end{cases}
\end{aligned}$$

8. 已知序列 $x(n) = \begin{cases} a^n & (0 \leqslant n \leqslant 9) \\ 0 & (n \text{ 为其他值}) \end{cases}$，求其 10 点和 20 点离散傅里叶变换。

【解】

$$X[k]\mid_{N=10} = \sum_{n=0}^{9} x(n)\mathrm{e}^{-\mathrm{j}\frac{2\pi}{10}nk} = \sum_{n=0}^{9} a^n \mathrm{e}^{-\mathrm{j}\frac{2\pi}{10}nk} = \frac{1-a^{10}}{1-a\mathrm{e}^{-\mathrm{j}\frac{\pi}{5}k}}$$

$$X[k]\mid_{N=20} = \sum_{n=0}^{9} x(n)\mathrm{e}^{-\mathrm{j}\frac{2\pi}{20}nk} = \sum_{n=0}^{9} a^n \mathrm{e}^{-\mathrm{j}\frac{2\pi}{20}nk} = \frac{1-a^{10}(-1)^k}{1-a\mathrm{e}^{-\mathrm{j}\frac{\pi}{10}k}}$$

9.已知序列 $x_1(n) = \begin{cases} \left(\dfrac{1}{2}\right)^n & (0 \leqslant n \leqslant 3) \\ 0 & (n\ \text{为其他值}) \end{cases}$, $x_2(n) = \begin{cases} 1 & (0 \leqslant n \leqslant 3) \\ 0 & (n\ \text{为其他值}) \end{cases}$,试求它们的 4

点和 8 点循环卷积。

【解】

4 点循环卷积($N=4$)：

$$x_3(n) = x_1(n) \,\text{Ⓝ}\, x_2(n)$$

$$= \left[\sum_{m=0}^{4-1} x_1(m) x_{p2}(n-m)\right] R_N(n) = \left[\sum_{m=0}^{3} \left(\frac{1}{2}\right)^m x_2(n-m)\right] R_N(n)$$

$$x_3(0) = \left[\sum_{m=0}^{3} \left(\frac{1}{2}\right)^m x_{p2}(-m)\right] R_N(n) = 1 + \frac{1}{2} + \frac{1}{4} + \frac{1}{8} = \frac{15}{8}$$

$$x_3(1) = \left[\sum_{m=0}^{3} \left(\frac{1}{2}\right)^m x_{p2}(1-m)\right] R_N(n) = 1 + \frac{1}{2} + \frac{1}{4} + \frac{1}{8} = \frac{15}{8}$$

$$x_3(2) = \left[\sum_{m=0}^{3} \left(\frac{1}{2}\right)^m x_{p2}(2-m)\right] R_N(n) = 1 + \frac{1}{2} + \frac{1}{4} + \frac{1}{8} = \frac{15}{8}$$

$$x_3(3) = \left[\sum_{m=0}^{3} \left(\frac{1}{2}\right)^m x_{p2}(3-m)\right] R_N(n) = 1 + \frac{1}{2} + \frac{1}{4} + \frac{1}{8} = \frac{15}{8}$$

8 点循环卷积($N=8$)：

$$x_3(n) = x_1(n) \,\text{Ⓝ}\, x_2(n)$$

$$= \sum_{m=0}^{8-1} x_1(m) x_{p2}(n-m) R_N(n)$$

$$= \sum_{m=0}^{3} \left(\frac{1}{2}\right)^m x_{p2}(n-m) R_N(n)$$

$$x_3(0) = \sum_{m=0}^{3} \left(\frac{1}{2}\right)^m x_{p2}(-m) R_N(n) = 1$$

$$x_3(1) = \sum_{m=0}^{3} \left(\frac{1}{2}\right)^m x_{p2}(1-m) R_N(n) = 1 + \frac{1}{2} = \frac{3}{2}$$

$$x_3(2) = \sum_{m=0}^{3} \left(\frac{1}{2}\right)^m x_{p2}(2-m) R_N(n) = 1 + \frac{1}{2} + \frac{1}{4} = \frac{7}{4}$$

$$x_3(3) = \sum_{m=0}^{3} \left(\frac{1}{2}\right)^m x_{p2}(3-m) R_N(n) = 1 + \frac{1}{2} + \frac{1}{4} + \frac{1}{8} = \frac{15}{8}$$

$$x_3(4) = \sum_{m=0}^{3} \left(\frac{1}{2}\right)^m x_{p2}(4-m) R_N(n) = \frac{1}{2} + \frac{1}{4} + \frac{1}{8} = \frac{7}{8}$$

$$x_3(5) = \sum_{m=0}^{3} \left(\frac{1}{2}\right)^m x_{p2}(5-m) R_N(n) = \frac{1}{4} + \frac{1}{8} = \frac{3}{8}$$

$$x_3(6) = \sum_{m=0}^{3} \left(\frac{1}{2}\right)^m x_{p2}(6-m) R_N(n) = \frac{1}{8}$$

$$x_3(7) = \sum_{m=0}^{3} \left(\frac{1}{2}\right)^m x_{p2}(7-m) R_N(n) = 0$$

10. 为做频谱分析，对模拟信号以 10 kHz 的速率进行抽样，并计算了 1 024 个抽样的离散傅里叶变换。

（1）求频谱抽样之间的间隔；

（2）分析处理后，做逆离散傅里叶变换：

① 逆离散傅里叶变换后，抽样点的间隔为多少？

② 逆离散傅里叶变换后，整个 1 024 点的时宽为多少？

【解】　（1）
$$\Delta f = \frac{f_s}{N} = \frac{10 \times 10^3 \, \text{Hz}}{1\,024} = 9.766 \, \text{Hz}$$

（2）
$$T_s = \frac{1}{f_s} = 0.1 \, \text{ms}$$

$$T = N \cdot T_s = 1\,024 \times 0.1 \, \text{ms} = 102.4 \, \text{ms}$$

第 5 章

DFT 的有效计算：快速傅里叶变换

5.1　学习要点

本章主要内容：

(1) 基 2 时域抽选 FFT 的基本原理。

(2) 基 2 时域抽选 FFT 的蝶形运算公式。

(3) 基 2 时域抽选 FFT 的其他形式。

(4) 基 2 频域抽选快速傅里叶变换。

(5) 逆离散傅里叶变换的快速算法。

5.1.1　基 2 时域抽选 FFT 的基本原理

1. DFT 的运算量

N 点 DFT 需要 N^2 次复数乘法和 $N(N-1)$ 次复数加法。或者说需要 $4N^2$ 次实数乘法和 $N(4N-2)$ 次实数加法。

2. FFT 算法原理

基本思路：DFT 的运算量是与 N^2 成正比的，所以 N 越小对计算越有利，因而小点数序列的 DFT 比大点数序列的 DFT 运算量要小。

分类：(1) 按时间抽选(DIT)法；(2) 按频率抽选(DIF)法。

最常用的时域抽选方法是按奇偶将长序列不断地变为短序列。结果使输入序列为倒序、输出序列为顺序排列，这就是 Coolly—Tukey 算法。

常用的是 $N=2^M$ 的情况，称为基 2 快速傅里叶变换。

按时间抽取运算的完整的 8 点 FFT 流图,如图 5.1 所示。

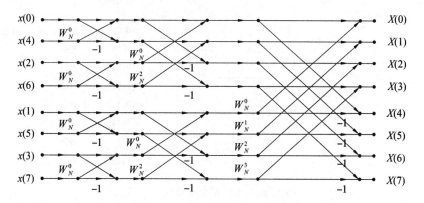

图 5.1　完整的 8 点 FFT 流图

3. FFT 运算量

复数乘法次数

$$m_F = \frac{N}{2} \cdot M = \frac{N}{2} \log_2 N \tag{5.1}$$

复数加法次数

$$a_F = NM = N \log_2 N \tag{5.2}$$

5.1.2　基 2 时域抽选 FFT 的蝶形运算公式

1. 原位运算(同位运算)

$$\begin{cases} X_m(k) = X_{m-1}(k) + X_{m-1}(j) W_N^P \\ X_m(j) = X_{m-1}(k) - X_{m-1}(j) W_N^P \end{cases} \tag{5.3}$$

某一列的任何两个结点 k 和 j 的节点变量进行蝶形运算后,得到结果为下一列 k、j 两节点的节点变量,而和其他节点变量无关,因而可以采用原位运算。

优点:节省存储单元,降低设备成本。

2. 倒位序规律

倒位序规律如图 5.2 所示。

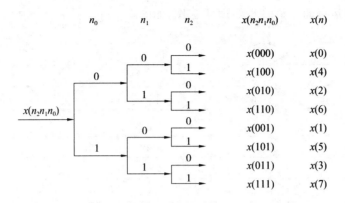

图 5.2　倒位序规律

3. 倒位序的实现

倒位序,实际上是二进制意义下的倒序,即 $(n_2 n_1 n_0) \rightarrow (n_0 n_1 n_2)$。

我们可以按照表 5.1 所示的方式实现倒位序。

表 5.1　倒位序的实现($N = 8$)

自然顺序(n)	二进制数	倒位序二进制数	倒位序顺序($\hat{n}$)
0	000	000	0
1	001	100	4
2	010	010	2
3	011	110	6
4	100	001	1
5	101	101	5
6	110	011	3
7	111	111	7

4. 与对偶结点相关的几个定义

$X_{m-1}(k)$ 与 $X_{m-1}(j)$ 称为对偶节点;两节点间的"距离"称为"对偶节点跨距";2 倍的对偶节点跨距 2^m 称为"分组间隔";$N/2^m$ 称为"分组数"。

5. W_N^p 的确定

将 W_N^p 称为旋转因子,p 则称为旋转因子的指数。

$$p = k \cdot 2^{M-m} \tag{5.4}$$

基 2 时域抽选 FFT 的蝶形运算公式为

$$X_m(l \cdot 2^m + k) = X_{m-1}(l \cdot 2^m + k) + W_N^p X_{m-1}(l \cdot 2^m + k + 2^{m-1}) \tag{5.5}$$

$$X_m(l \cdot 2^m + k + 2^{m-1}) = X_{m-1}(l \cdot 2^m + k) - W_N^p X_{m-1}(l \cdot 2^m + k + 2^{m-1}) \tag{5.6}$$

其中，$p = 2^{M-m} \cdot (k + l \cdot 2^m), 0 \leqslant l \leqslant \dfrac{N}{2^m} - 1, 0 \leqslant k \leqslant 2^{m-1} - 1$。

6. 存储单元

由于是原位运算，只需有输入序列 $x(n)(n = 0,1,\cdots,N-1)$ 的 N 个存储单元，加上系数 $W_N^p \left(p = 0,1,\cdots,\dfrac{N}{2} - 1 \right)$ 的 $\dfrac{N}{2}$ 个存储单元。但要注意的是，一般情况下 $x(n)$ 与 W_N^p 均为复数，因此这里所说的存储单元为复数存储单元。

5.1.3　基 2 时域抽选 FFT 的其他形式

（1）输入顺序、输出倒序的算法。

（2）输入输出均为顺序的算法。

（3）适于顺序存储的算法。

5.1.4　基 2 频域抽选快速傅里叶变换

频域抽选是按奇偶原则把输出长序列 $X(k)$ 逐步分解成越来越短的序列，这种分选的结果是使时域序列 $x(n)$ 成为前后分组，故又称为前后抽选法 ——Sande－Tukey 算法。

频域抽选 8 点 FFT 完整流图如图 5.3 所示。

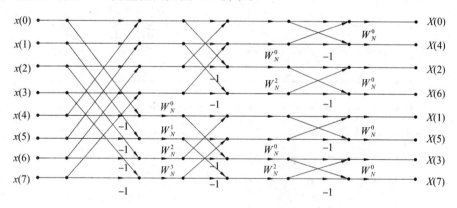

图 5.3　频域抽选 8 点 FFT 完整流图

频域抽选法与时域抽选法的异同：

（1）时域抽选法：输入倒序、输出顺序。频域抽选法：输入顺序、输出倒序。但这不是实质区别，因为在保证原位运算的前提下可任意变换序列的顺序。

（2）时域抽选法与频域抽选法的基本蝶形不同，频域抽选法中 DFT 的复数乘法出现在减法之后。

（3）时域抽选法与频域抽选法的运算量相同，都可进行原位运算。

（4）时域抽选法与频域抽选法的基本蝶形互为转置。

5.1.5 逆离散傅里叶变换的快速算法

三种求逆离散傅里叶变换的快速算法：

(1) 方法一。

利用将时域抽选 FFT 算法流图转置的方法来获得 IDFT 的快速算法 IFFT。

具体实现方法可由时域抽选的蝶形流图转置后把系数 W_N^p 改为 W_N^{-p}，并添加系数 $1/2$ 而成，此为计算逆离散傅里叶变换的一种快速算法，记为

$$\text{IDFT}[X(k)] = \text{FFT}\left[X(k), \frac{1}{2}W_N^{-p}\right] \tag{5.7}$$

由此方法构成的完整流图如图 5.4 所示。

(2) 方法二。

与方法一类似，区别只是计算逆离散傅里叶变换时将 $\frac{1}{2}$ 集中起来考虑，即

$$\text{IDFT}[X(k)] = \frac{1}{N}\text{FFT}[X(k), W_N^{-p}] \tag{5.8}$$

逆快速傅里叶变换的计算流图如图 5.4 所示。

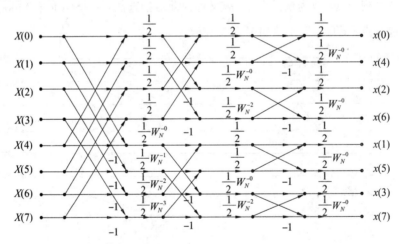

图 5.4 逆快速傅里叶变换的计算流图（$N = 8$）

(3) 方法三。

先用快速傅里叶变换计算 $X^*(k)$ 的离散傅里叶变换，然后取其共轭并乘以 $\frac{1}{N}$，得到 $x(n)$，即

$$x(n) = \frac{1}{N}\left\{\sum_{k=0}^{N-1} X^*(k) W_N^{kn}\right\}^* \tag{5.9}$$

前面两种方法是从算法内部加以变化而求出逆离散傅里叶变换，第三种方法则是维持原算法不变，用改变外部输入序列及输出序列的办法来求得逆离散傅里叶变换。

5.2   习题解答

1.如果通用计算机的速度为平均每次复数乘法需要 50 μs,每次复数加法需要 10 μs,用来计算 $N=1\ 024$ 点 DFT,问直接计算需要多少时间? 用 FFT 计算呢?

【解】   分析:直接利用 DFT 计算:复乘次数为 N^2,复加次数为 $N(N-1)$;

利用 FFT 计算:复乘次数为 $0.5N\log_2 N$,复加次数为 $N\log_2 N$;

直接 DFT 计算:

复乘所需时间

$$T_1 = N^2 \times 50\ \mu s = 1\ 024^2 \times 50\ \mu s = 52.428\ 8\ s$$

复加所需时间

$$T_2 = N(N-1) \times 10\ \mu s = 1\ 024(1\ 024-1) \times 10\ \mu s = 10.475\ 52\ s$$

所以总时间为

$$T_{DFT} = T_1 + T_2 = 62.904\ 32\ s$$

FFT 计算:

复乘所需时间

$$T_3 = 0.5N\log_2 N \times 50\ \mu s = 0.5 \times 1\ 024 \times \log_2 1\ 024 \times 50\ \mu s = 0.256\ s$$

复加所需时间

$$T_4 = N\log_2 N \times 10\ \mu s = 1\ 024 \times \log_2 1\ 024 \times 10\ \mu s = 0.102\ 4\ s$$

所以总时间为

$$T_{FFT} = T_3 + T_4 = 0.358\ 4\ s$$

2.设 $x(n)$ 是长度为 $2N$ 的有限长实序列,$X(k)$ 为 $x(n)$ 的 $2N$ 点 DFT。

(1)试设计用一次 N 点 FFT 完成计算 $X(k)$ 的高效算法;

(2)若已知 $X(k)$,试设计用一次 N 点 IFFT 实现求 $x(n)$ 的 $2N$ 点 IDFT 运算。

【解】   本题的解题思路就是 DIT $-$ FFT 思想。

(1)分析 $2N$ 点的 FFT,如下:

分别抽取偶数点和奇数点,$x(n)$ 得到两个 N 点的实序列 $x_1(n)$ 和 $x_2(n)$;

$$x_1(n) = x(2n)\quad (n=0,1,\cdots,N-1)$$

$$x_2(n) = x(2n+1)\quad (n=0,1,\cdots,N-1)$$

根据 DIT $-$ FFT 的思想,只要求得 $x_1(n)$ 和 $x_2(n)$ 的 N 点 DFT,再经过简单的一级蝶形运算就可得到 $x(n)$ 的 $2N$ 点 DFT。因为 $x_1(n)$ 和 $x_2(n)$ 均为实序列,所以根据 DFT 的共轭对称性,可以用一次 N 点 FFT 求得 $X_1(k)$ 和 $X_2(k)$。具体方法如下:

令

$$y(n) = x_1(n) + \mathrm{j}\, x_2(n)$$

$$Y(k) = \mathrm{DFT}[y(n)] \quad (k = 0, 1, \cdots, N-1)$$

则

$$X_1(k) = \mathrm{DFT}[x_1(n)] = Y_{ep}(k) = 0.5[Y(k) + Y^*(N-k)]$$

$$X_2(k) = \mathrm{DFT}[\mathrm{j}\, x_2(n)] = Y_{op}(k) = 0.5[Y(k) - Y^*(N-k)]$$

$2N$ 点的 $\mathrm{DFT}[x(n)] = X(k)$ 可由 $X_1(k)$ 和 $X_2(k)$ 得到

$$\begin{cases} X(k) = X_1(k) + W_{2N}^k X_2(k) & (k = 0, 1, \cdots, N-1) \\ X(k) = X_1(k) - W_{2N}^k X_2(k) & (k = N, N+1, \cdots, 2N-1) \end{cases}$$

这样，通过一次 N 点 FFT 计算就完成了计算 $2N$ 点 DFT。当然由 $Y(k)$ 求 $X_1(k)$ 和 $X_2(k)$ 需要相对小的额外计算量。

(2) 分析 $2N$ 点的 IFFT 变换，如下：

与 (1) 相同，定义 $x_1(n), x_2(n), X_1(k), X_2(k)$；$n, k = 0, 1, \cdots, N-1$

则应满足关系式

$$\begin{cases} X(k) = X_1(k) + W_{2N}^k X_2(k) & (k = 0, 1, \cdots, N-1) \\ X(k+N) = X_1(k) - W_{2N}^k X_2(k) \end{cases}$$

由上式可解出

$$X_1(k) = 0.5[X(k) + X(k+N)]$$

$$X_2(k) = 0.5[X(k) - X(k+N)]W_{2N}^{-k}$$

由以上分析可得出计算过程如下：

① 由 $X(k)$ 计算出 $X_1(k)$ 和 $X_2(k)$，即

$$X_1(k) = 0.5[X(k) + X(k+N)]$$

$$X_2(k) = 0.5[X(k) - X(k+N)]W_{2N}^{-k}$$

② 由 $X_1(k)$ 和 $X_2(k)$ 构成 N 点频域序列 $Y(k)$，即

$$Y(k) = X_1(k) + \mathrm{j}X_2(k) = Y_{ep}(k) + Y_{op}(k)$$

其中 $Y_{ep}(k) = X_1(k), Y_{op}(k) = \mathrm{j}X_2(k)$，进行 N 点 IFFT 得到

$$y(n) = \mathrm{IFFT}[Y(k)] = \mathrm{Re}[y(n)] = \mathrm{jIm}[y(n)] \quad (n = 0, 1, \cdots, N-1)$$

由 DFT 的共轭对称性知

$$\mathrm{Re}[y(n)] = 0.5[y(n) + y^*(n)] = \mathrm{IDFT}[Y_{ep}(k)] = x_1(n)$$

$$\mathrm{Im}[y(n)] = 0.5[y(n) - y^*(n)] = \mathrm{IDFT}[Y_{op}(k)] = \mathrm{j}x_2(n)$$

③ 由 $x_1(n)$ 和 $x_2(n)$ 合成 $x(n)$

$$x(n) = \begin{cases} x_1\left(\dfrac{n}{2}\right) & (n = \text{偶}) \\ x_2\left(\dfrac{n-1}{2}\right) & (n = \text{奇}) \end{cases}$$

3.请给出16点时域抽选输入倒序、输出顺序基2－FFT完整计算流图,注意 W_N^k 及其中 p 值的确定。

【解】　完整计算流图如图5.5所示。

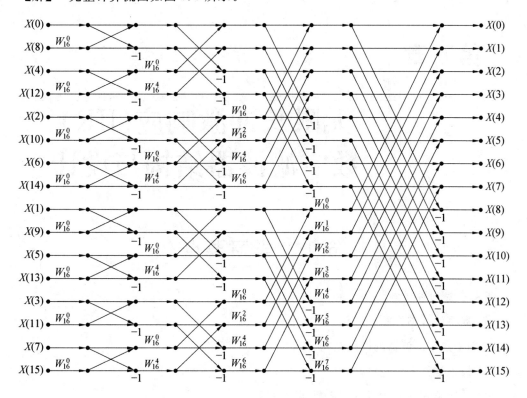

图 5.5　基 2 时域抽选 FFT 流图($N = 16$)

第 6 章

无限长冲激响应(IIR) 数字滤波器结构与设计

6.1　学习要点

本章主要内容：

(1) 数字滤波器介绍。

(2)IIR 数字滤波器的网络结构。

(3) 模拟滤波器的设计。

(4) 冲激响应不变法设计 IIR 数字滤波器。

(5) 双线性变换法设计 IIR 数字滤波器。

(6)IIR 数字滤波器的频率变换设计法。

(7)IIR 数字滤波器的直接设计法。

6.1.1　数字滤波器介绍

(1) 从滤波器特性上考虑，数字滤波器可以分成数字高通、数字低通、数字带通、数字带阻等滤波器。它们的理想幅频特性如图 6.1 所示。

(2) 从实现方法上可以将数字滤波器分成两种：一种称为无限长单位冲激响应数字滤波器，简称 IIR 数字滤波器，也称递归数字滤波器；另一种称为有限长单位冲激响应数字滤波器，简称 FIR 数字滤波器，也称非递归数字滤波器。IIR 滤波器的单位冲激响应为无限长，网络中有反馈。FIR 滤波器的单位冲激响应是有限长的，一般网络中没有反馈。

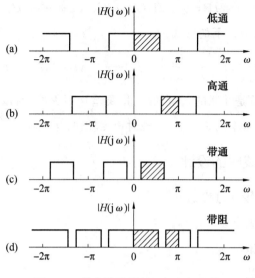

图 6.1　数字滤波器的理想幅频特性

6.1.2　IIR 数字滤波器的网络结构

同一种系统函数 $H(z)$ 可以有多种不同的结构,它的基本结构分为直接型、转置型、级联型和并联型四种。

1. 直接型

根据差分方程直接画出的网络结构称为直接 Ⅰ 型。将直接 Ⅰ 型前后两部分互换位置,互换后前后两部分的延迟支路进行合并而形成的网络结构流图,称为直接 Ⅱ 型,或规范型(典范型)。

优点:直接 Ⅱ 型节省延迟单元。

2. 级联型

IIR 数字滤波器在采用级联型实现时,常将数字滤波器的系统函数分解成为若干个一阶和二阶数字滤波器系统函数的乘积,即

$$H(z) = H_1(z)H_2(z)H_3(z)\cdots H_K(z)$$

其中每一级的子滤波器 $H_i(z)$ 常取以下的形式:

$$H_i(z) = \frac{b_{i0} + b_{i1}z^{-1} + b_{i2}z^{-2}}{1 + a_{i1}z^{-1} + a_{i2}z^{-2}} \quad (i = 1, 2, \cdots, K)$$

优点:可以单独调整零、极点位置,便于调整滤波器频率响应。

3. 并联型

IIR 数字滤波器在采用并联实现时,常将数字滤波器的系统函数分解成为若干个一阶和二阶数字滤波器系统函数和的形式,即

$$H(z) = H_1(z) + H_2(z) + H_3(z) + \cdots + H_K(z)$$

每个子滤波器 $H_i(z)$ 常取以下的形式:

$$H_i(z) = \frac{b_{i0} + b_{i1} z^{-1}}{1 - a_{i1} z^{-1} + a_{i2} z^{-2}} \quad (i = 1, 2, \cdots, K)$$

优点:各个基本环节是并联的,各自的运算误差互不影响,所以不会增加积累误差。另外信号是同时加到各个基本网络上的,实现时速度较快。

6.1.3 模拟滤波器的设计

模拟滤波器的一般设计过程如下:

(1)根据具体要求确定设计指标。

(2)选择滤波器类型。

(3)计算滤波器阶数。

(4)通过查表或计算确定滤波器系统函数 $H_a(s)$。

(5)综合实现装配并调试。

在进行滤波器设计时,需要确定其性能指标。以低通滤波器为例,模拟滤波器的性能指标有 A_p、Ω_p、A_s 和 Ω_s,其中 Ω_p 和 Ω_s 分别称为通带截止频率和阻带截止频率,A_p 是通带($0 \sim \Omega_p$)中的最大衰减系数,A_s 是阻带($\Omega \geqslant \Omega_s$)中的最小衰减系数,$A_p$ 和 A_s 一般采用 dB 表示。对于单调下降的幅度特性,如果 $\Omega = 0$ 处幅度已归一化到 1,即 $|H_a(j\Omega)| = 1$,A_p 和 A_s 表示为

$$A_p = -10\lg |H_a(j\Omega_p)|^2 = -20\lg |H_a(j\Omega_p)| \tag{6.1}$$

$$A_s = -10\lg |H_a(j\Omega_s)|^2 = -20\lg |H_a(j\Omega_s)| \tag{6.2}$$

以上技术指标可用图 6.2 表示。图中,Ω_c 为 3 dB 截止频率,因为 $|H_a(j\Omega_c)| = \dfrac{1}{\sqrt{2}}$,$-20\lg |H_a(j\Omega_c)| = 3$ dB。

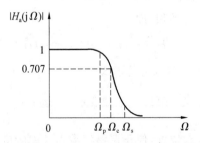

图 6.2 模拟低通滤波器的幅度特性

滤波器的技术指标给定后,需要设计一个传输函数 $H_a(s)$,希望其幅度平方函数 $|H_a(j\Omega)|^2$ 满足给定的指标 A_p 和 A_s,由于滤波器的单位冲激响应为实数,因此

$$\left| H_{\mathrm{a}}(\mathrm{j}\Omega) \right|^2 = H_{\mathrm{a}}(\mathrm{j}\Omega) \cdot H_{\mathrm{a}}^*(\mathrm{j}\Omega) = H_{\mathrm{a}}(\mathrm{j}\Omega) H_{\mathrm{a}}(-\mathrm{j}\Omega) = H_{\mathrm{a}}(s) H_{\mathrm{a}}(-s) \big|_{s=\mathrm{j}\Omega}$$

低通巴特沃斯滤波器的设计步骤:

(1) 根据技术指标 Ω_p、A_p、Ω_s 和 A_s,确定滤波器的阶数 N 为

$$N = -\frac{\lg k_\mathrm{sp}}{\lg \lambda_\mathrm{sp}} = \frac{\lg\left[(10^{A_\mathrm{p}/10}-1)/(10^{A_\mathrm{s}/10}-1)\right]}{2\lg(\Omega_\mathrm{p}/\Omega_\mathrm{s})} \tag{6.3}$$

(2) 求出归一化极点 p_k,进而得到归一化传输函数 $H_\mathrm{a}(p)$ 为

$$H_\mathrm{a}(p) = \frac{1}{\prod\limits_{k=0}^{N-1}(p-p_k)} \tag{6.4}$$

(3) 将 $H_\mathrm{a}(p)$ 去归一化。将 $p = s/\Omega_\mathrm{c}$ 代入 $H_\mathrm{a}(p)$,得到实际的滤波器传输函数 $H_\mathrm{a}(s)$ 为

$$H_\mathrm{a}(s) = \frac{\Omega_\mathrm{c}^N}{\prod\limits_{k=0}^{N-1}(s-s_k)} \tag{6.5}$$

6.1.4　冲激响应不变法设计 IIR 数字滤波器

对转换关系的要求:

(1) 因果稳定的模拟滤波器转换成数字滤波器仍然是因果稳定的。模拟滤波器因果稳定要求其传输函数 $H_\mathrm{a}(s)$ 的极点全部在 S 平面的左半平面。数字滤波器因果稳定则要求 $H(z)$ 的极点全部在单位圆内。因此,S 平面的左半平面应能映射到 Z 平面的单位圆内。

(2) 数字滤波器的频率响应应模仿模拟滤波器频率响应,S 平面的虚轴映射到 Z 平面的单位圆。

核心思路:通过对连续函数 $h_\mathrm{a}(t)$ 等间隔抽样(满足抽样定理)得到离散序列 $h_\mathrm{a}(n)$,令 $h_\mathrm{a}(n) = h(n)$。

转换步骤:

$$H_\mathrm{a}(s) \rightarrow h_\mathrm{a}(t) \rightarrow h_\mathrm{a}(nT_\mathrm{s}) = h(n) \rightarrow H(z)$$

设模拟滤波器 $H_\mathrm{a}(s)$ 只有单阶极点,且分母多项式的阶次高于分子多项式的阶次,将 $H_\mathrm{a}(s)$ 用部分分式展开,则

$$H_\mathrm{a}(s) = \sum_{k=1}^{N} \frac{A_k}{s-s_k} \tag{6.6}$$

可求得数字滤波器的系统函数

$$H(z) = \sum_{k=1}^{N} \frac{A_k}{1-\mathrm{e}^{s_k T_\mathrm{s}} z^{-1}} \tag{6.7}$$

结论:

(1) s 平面的单极点 $s = s_k$,变换到 z 平面上 $z = \mathrm{e}^{s_k T_\mathrm{s}}$。

（2）$H_a(s)$ 与 $H(z)$ 展开的部分分式的系数是相同的，都是 A_k。

（3）如果模拟滤波器是稳定的，所有极点 s_k 位于 s 平面的左半平面，即极点的实部小于零，则变换后的数字滤波器的全部极点在单位圆内，即模小于 1，因此得到的数字滤波器也是稳定的。

优点：频率变换是线性的，$\omega = \Omega T_s$。

缺点：s 平面和 z 平面之间存在多值映射关系，s 平面中宽度为 $2\pi/T_s$ 的带状区便映射成整个 z 平面，如图 6.3 所示。因此会产生频率混叠现象，不能用于高通、带阻等高频部分不衰减的滤波器。

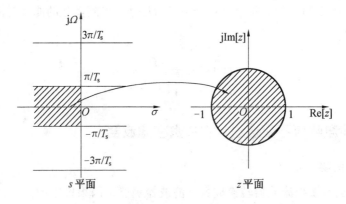

图 6.3　s 平面和 z 平面之间的映射关系

6.1.5　双线性变换法设计 IIR 数字滤波器

为了避免频率混叠现象，提出了非线性频率压缩方法：将整个频率轴上的频率范围压缩到 $\pm\pi$ 之间，再用 $z = e^{sT_s}$ 转化到 z 平面上。即从 s 平面映射到 s_1 平面，再从 s_1 平面映射到 z 平面，其映射过程如图 6.4 所示。

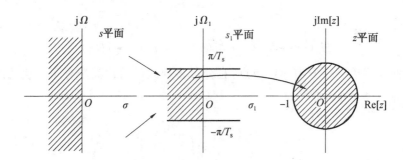

图 6.4　双线性变换法的映射关系

双线性变换公式：

$$s = C \frac{1 - z^{-1}}{1 + z^{-1}} \tag{6.8}$$

C 为双线性变换常数,且 $C>0$,确定 C 有两种方法:

(1) 根据特定的频率点,例如用数字截止频率 ω_c 和模拟截止频率 Ω_c 来确定:

$$C=\Omega_c\cot\frac{\omega_c}{2} \tag{6.9}$$

(2) 在低频部分保持 Ω 和 ω 有近似的线性关系:

$$C=2/T_s \tag{6.10}$$

由 $H_a(s)$ 求 $H(z)$ 可通过下式实现:

$$H(z)=H_a(s)\Big|_{s=C\frac{1-z^{-1}}{1+z^{-1}}} \tag{6.11}$$

优点:s 平面和 z 平面之间是单值映射关系,避免了频率混叠现象。

缺点:频率变换是非线性的,$\Omega=C\tan\dfrac{\omega}{2}$。

利用模拟滤波器设计 IIR 数字低通滤波器的步骤:

(1) 确定数字低通滤波器的技术指标:通带截止频率 ω_p、通带衰减 A_p、阻带截止频率 ω_s、阻带衰减 A_s。

(2) 将数字低通滤波器的技术指标转换成模拟低通滤波器的技术指标。主要包括 ω_p 和 ω_s 的转换,对 A_p 和 A_s 不变换。如果采用冲激响应不变法,边界频率转换关系为 $\omega=\Omega T_s$;如果采用双线性变换法,边界频率转换关系为 $\Omega=C\tan\dfrac{\omega}{2}$。

(3) 按照模拟低通滤波器的技术指标设计模拟低通滤波器。

(4) 从 s 平面转换到 z 平面。由模拟滤波器 $H_a(s)$ 得到数字低通滤波器系统函数 $H(z)$。

6.1.6 IIR 数字滤波器的频率变换设计法

此方法是先设计模拟低通滤波器,然后再由模拟低通滤波器转换为所需类型的数字滤波器。这种用于设计数字滤波器的模拟低通滤波器常称为原型滤波器。一般,原型滤波器是采用截止频率为 $\Omega_c=1$ 的低通滤波器,因此,称为归一化原型滤波器。

如果数字滤波器想由模拟低通原型滤波器转换得到,则可能有三种方法,如图 6.5 所示。

(1) 由模拟低通原型滤波器变成所需类型的模拟滤波器,然后再把它转换成需要类型的数字滤波器。

(2) 由模拟低通原型滤波器直接转换成所需类型的数字滤波器。

(3) 由模拟低通原型滤波器先转换成数字低通原型,然后再用变量代换变换成所需类型的数字滤波器。

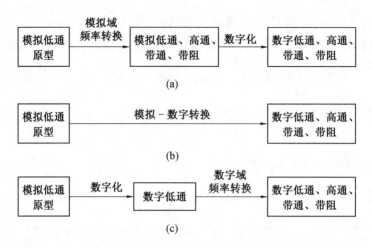

图 6.5　设计 IIR 滤波器的频率变换法

图 6.5 中涉及的变换公式由表 6.1、6.2、6.3 给出。其中将模拟低通原型转换为各种模拟滤波器的变换公式见表 6.1。

表 6.1　低通原型滤波器到低通、高通、带通、带阻滤波器的变换关系

变换类型	变换公式	频率变换公式	参数意义
低通原型 → 低通	$s = \dfrac{p}{\Omega_2}$	$\theta = \dfrac{1}{\Omega_2}\Omega$	Ω_2：实际低通滤波器的截止频率
低通原型 → 高通	$s = \dfrac{\Omega_2}{p}$	$\theta = -\dfrac{\Omega_2}{\Omega}$	Ω_2：实际高通滤波器的截止频率
低通原型 → 带通	$s = \dfrac{p^2 + \Omega_L\Omega_H}{(\Omega_H - \Omega_L)p}$	$\theta = \dfrac{\Omega^2 - \Omega_H\Omega_L}{(\Omega_H - \Omega_L)\Omega}$	Ω_H、Ω_L：实际带通滤波器的上下通带（3 dB）截止频率
低通原型 → 带阻	$s = \dfrac{(\Omega_H - \Omega_L)p}{p^2 + \Omega_H\Omega_L}$	$\theta = \dfrac{(\Omega_H - \Omega_L)\Omega}{\Omega_H\Omega_L - \Omega^2}$	Ω_H、Ω_L：实际带阻滤波器的上下通带（3 dB）截止频率

注：s 是低通原型滤波器的拉普拉斯变量；而 p 则是实际的模拟滤波器的拉普拉斯变量；θ 是模拟低通原型滤波器的频率变量；而 Ω 则是要设计的模拟滤波器的频率变量

将归一化模拟低通原型滤波器直接转换为各种数字滤波器的变换公式见表 6.2。

表 6.2　归一化低通原型滤波器到低通、高通、带通、带阻数字滤波器的变换关系

数字滤波器类型	变换公式	频率变换公式	参数计算公式
低通	$s = C\dfrac{1-z^{-1}}{1+z^{-1}}$	$\Omega = C\tan(\omega/2)$	$C = \cot(\omega_c/2)$
高通	$s = C_1\dfrac{1+z^{-1}}{1-z^{-1}}$	$\Omega = C_1\cot(\omega/2)$	$C_1 = \tan(\omega_c/2)$
带通	$s = D\dfrac{1-Ez^{-1}+z^{-2}}{1-z^{-2}}$	$\Omega = D\dfrac{\cos\omega_0 - \cos\omega}{\sin\omega}$	$D = \cot\dfrac{\omega_H - \omega_L}{2}$ $E = 2\dfrac{\cos\dfrac{\omega_H+\omega_L}{2}}{\cos\dfrac{\omega_H-\omega_L}{2}} = 2\cos\omega_0$
带阻	$s = D_1\dfrac{1-z^{-2}}{1-E_1z^{-1}+z^{-2}}$	$\Omega = D_1\dfrac{\sin\omega}{\cos\omega - \cos\omega_0}$	$D_1 = \tan\dfrac{\omega_H - \omega_L}{2}$ $E_1 = 2\dfrac{\cos\dfrac{\omega_H+\omega_L}{2}}{\cos\dfrac{\omega_H-\omega_L}{2}} = 2\cos\omega_0$

注:s 是低通原型滤波器的拉普拉斯变量;而 z 则是实际的数字滤波器的变量;Ω 是归一化模拟低通原型滤波器的角频率;而 ω 则是要设计的数字滤波器的角频率;ω_H、ω_L 是实际带阻滤波器的上下通带(3 dB)截止频率;ω_c 是实际高通滤波器的截止频率

由截止频率为 θ_c 的低通数字滤波器变换成各型数字滤波器的公式见表 6.3。

表 6.3　由截止频率为 θ_c 的低通数字滤波器变换成各型数字滤波器

变换类型	变换公式	参数计算公式
数字低通 → 数字低通	$\mu^{-1} = G(z^{-1}) = \dfrac{z^{-1}-\alpha}{1-\alpha z^{-1}}$	$\alpha = \dfrac{\sin\dfrac{\theta_c - \omega_c}{2}}{\sin\dfrac{\theta_c + \omega_c}{2}}$
数字低通 → 数字高通	$\mu^{-1} = G(z^{-1}) = -\dfrac{z^{-1}+\alpha}{1+\alpha z^{-1}}$	$\alpha = -\dfrac{\cos\dfrac{\omega_c+\theta_c}{2}}{\cos\dfrac{\omega_c-\theta_c}{2}}$
数字低通 → 数字带通	$u^{-1} = -\dfrac{z^{-2}-\dfrac{2\alpha k}{k+1}z^{-1}+\dfrac{k-1}{k+1}}{\dfrac{k-1}{k+1}z^{-2}-\dfrac{2\alpha k}{k+1}z^{-1}+1}$	$\alpha = \cos\dfrac{\omega_2+\omega_1}{2}\Big/\cos\dfrac{\omega_2-\omega_1}{2} = \cos\omega_c$ $k = \cot\dfrac{\omega_2-\omega_1}{2}\tan\dfrac{\theta_c}{2}$
数字低通 → 数字带阻	$u^{-1} = \dfrac{z^{-2}-\dfrac{2\alpha}{k+1}z^{-1}+\dfrac{1-k}{k+1}}{\dfrac{1-k}{k+1}z^{-2}-\dfrac{2\alpha}{k+1}z^{-1}+1}$	$\alpha = \cos\dfrac{\omega_2+\omega_1}{2}\Big/\cos\dfrac{\omega_2-\omega_1}{2} = \cos\omega_0$ $k = \tan\dfrac{\omega_2-\omega_1}{2}\tan\dfrac{\theta_c}{2}$

注:θ_c 是低通滤波器的中心频率;ω_c、ω_1、ω_2 分别是要设计的滤波器的中心频率、通带上下截止频率

6.1.7　IIR 数字滤波器的直接设计法

在频域或时域直接设计 IIR 滤波器的方法,其特点是适合设计任意幅度特性的滤波器。其中常用的方法为零极点累试法(简单零极点法)。

基本思路:系统特性取决于系统函数零、极点的分布,系统极点位置主要是影响系统幅度特性峰值位置及尖锐程度,零点位置主要影响系统幅度特性的谷值位置及其凹下的程度。且通过极点和零点分析的几何作图法可以定性地画出其幅度特性。

实现步骤:根据其幅度特性先确定零、极点位置,再按照确定的零、极点写出其系统函数,画出其幅度特性,并与希望的滤波器幅度特性进行比较,如不满足要求,可通过移动零、极点位置或增加(减少)零极点进行修正。这种修正方法是多次的,因此称为零极点累试法。

在确定零、极点位置时要注意:

(1) 极点必须位于 z 平面单位圆内,保证数字滤波器因果稳定。

(2) 复数零、极点必须共轭成对,保证系统函数有理式的系数是实数。

6.2　习题解答

1.设系统的差分方程为
$$y(n) + 3y(n-1) + 2y(n-2) = x(n) + 5x(n-1)$$
请画出该系统的直接型、级联型和并联型结构。

【解】　(1) 直接 Ⅰ 型结构(图 6.6):

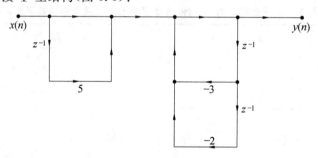

图 6.6　直接 Ⅰ 型结构

(2) 直接 Ⅱ 型结构(图 6.7):

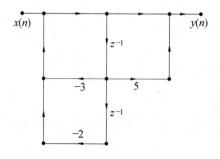

图 6.7　直接 Ⅱ 型结构

(3) 级联型结构(图 6.8)：

$$H(z) = \frac{Y(z)}{X(z)} = \frac{1 + 5z^{-1}}{1 + 3z^{-1} + 2z^{-2}} = \frac{1 + 5z^{-1}}{1 + 2z^{-1}} \cdot \frac{1}{1 + z^{-1}}$$

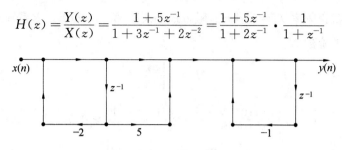

图 6.8　级联型结构

(4) 并联型结构(图 6.9)：

$$H(z) = \frac{-3}{1 + 2z^{-1}} + \frac{4}{1 + z^{-1}}$$

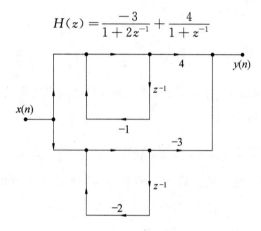

图 6.9　并联型结构

2. 设系统的系统函数为

$$H(z) = \frac{(1 + z^{-1})(1 + 3.17z^{-1} - 4z^{-2})}{(1 - 0.2z^{-1})(1 + 1.4z^{-1} + 5z^{-2})}$$

试画出该系统的级联型结构。

【解】　如图 6.10 所示。

$$H(z) = \frac{1 + z^{-1}}{1 - 0.2z^{-1}} * \frac{1 + 3.17z^{-1} - 4z^{-2}}{1 + 1.4z^{-1} + 5z^{-2}}$$

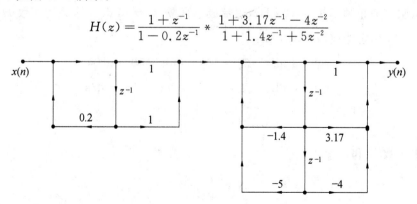

图 6.10　题 2 图

3. 设计一个模拟巴特沃斯低通滤波器，要求通带截止频率 $f_p = 3\ \text{kHz}$，通带最大衰减 $A_p = 3\ \text{dB}$，阻带截止频率 $f_s = 12\ \text{kHz}$，阻带最小衰减 $A_s = 50\ \text{dB}$。求系统函数 $H(s)$。

【解】 （1）求阶数 N。

$$N = -\frac{\lg k_{sp}}{\lg \lambda_{sp}}$$

$$k_{sp} = \sqrt{\frac{10^{0.1A_p} - 1}{10^{0.1A_s} - 1}} = \sqrt{\frac{10^{0.3} - 1}{10^5 - 1}} \approx 0.003\,2$$

$$\lambda_{sp} = \frac{\Omega_s}{\Omega_p} = \frac{2\pi \times 12 \times 10^3}{2\pi \times 3 \times 10^3} = 4$$

代入 N 的计算公式得

$$N = -\frac{\lg 0.003\,2}{\lg 4} = 4.14$$

所以取 $N = 5$。

（2）求归一化系统函数 $H_a(p)$。由阶数 $N = 5$ 直接查表可得到 5 阶巴特沃斯归一化低通滤波器系统函数 $H_a(p)$ 为

$$H_a(p) = \frac{1}{p^5 + 3.236\,1p^4 + 5.236\,1p^3 + 5.236\,1p^2 + 3.236\,1p + 1}$$

（3）去归一化，由归一化系统函数 $H_a(p)$ 得到实际滤波器系统函数 $H(s)$。

由于 $A_p = 3\ \text{dB}$，所以 $\qquad \Omega_c = \Omega_p = 2\pi \times 3 \times 10^3\ \text{rad/s}$

因此

$$H(s) = H_a(p)\Big|_{p = \frac{s}{\Omega_c}}$$

$$= \frac{\Omega_c^5}{s^5 + 3.236\,1\Omega_c s^4 + 5.236\,1\Omega_c^2 s^3 + 5.236\,1\Omega_c^3 s^2 + 3.236\,1\Omega_c^4 s + 1}$$

代入 Ω_c 的值即可。

4. 设计一个模拟切比雪夫低通滤波器，要求通带截止频率 $f_p = 3\ \text{kHz}$，通带最大衰减 $A_p = 3\ \text{dB}$，阻带截止频率 $f_s = 12\ \text{kHz}$，阻带最小衰减 $A_s = 50\ \text{dB}$。求系统函数 $H(s)$。

【解】 （1）确定滤波器技术指标：

$$A_p = 3\ \text{dB}, \quad \Omega_p = 2\pi f_p = 6\pi \times 10^3\ \text{rad/s}$$

$$A_s = 50\ \text{dB}, \quad \Omega_s = 2\pi f_s = 24\pi \times 10^3\ \text{rad/s}$$

$$\lambda_p = 1, \quad \lambda_s = \frac{\Omega_s}{\Omega_p} = 4$$

（2）求阶数 N 和 ε

$$N = \frac{\text{arch}\ k^{-1}}{\text{arch}\ \lambda_s}$$

$$k^{-1} = \sqrt{\frac{10^{0.1A_s} - 1}{10^{0.1A_p} - 1}} \approx 316.978$$

$$N = \frac{\text{arch } 316.978}{\text{arch } 4} = 3.126\ 8,\text{为满足指标要求,取 } N = 4$$

$$\varepsilon = \sqrt{10^{0.1A_{\text{p}}} - 1} = 0.997\ 6$$

(3) 求归一化系统函数 $H_{\text{a}}(p)$:

$$H_{\text{a}}(p) = \frac{1}{\varepsilon \cdot 2^{N-1} \prod\limits_{k=1}^{N} (p - p_k)} = \frac{1}{7.980\ 8 \prod\limits_{k=1}^{N} (p - p_k)}$$

其中,极点 p_k 可由下式求出:

$$p_k = -\text{ch } \xi \sin\frac{(2k-1)\pi}{2N} + \text{jch } \xi \cos\frac{(2k-1)\pi}{2N} \quad (k=1,2,3,4)$$

$$\xi = \frac{1}{N}\text{Arsh}\frac{1}{\varepsilon} = \frac{1}{4}\text{Arsh}\frac{1}{0.997\ 6} = 0.220\ 8$$

$$p_1 = -\text{ch}(0.220\ 8)\sin\frac{\pi}{8} + \text{jch}(0.220\ 8)\cos\frac{\pi}{8} = -0.392\ 1 + \text{j}0.946\ 5$$

$$p_2 = -\text{ch}(0.220\ 8)\sin\frac{3\pi}{8} + \text{jch}(0.220\ 8)\cos\frac{3\pi}{8} = -0.946\ 5 + \text{j}0.392\ 1$$

$$p_3 = -\text{ch}(0.220\ 8)\sin\frac{5\pi}{8} + \text{jch}(0.220\ 8)\cos\frac{5\pi}{8} = -0.946\ 5 - \text{j}0.392\ 1$$

$$p_4 = -\text{ch}(0.220\ 8)\sin\frac{7\pi}{8} + \text{jch}(0.220\ 8)\cos\frac{7\pi}{8} = -0.392\ 1 - \text{j}0.946\ 5$$

(4) 将 $H_{\text{a}}(p)$ 去归一化,求得实际滤波器系统函数 $H(s)$。

$$H(s) = H_{\text{a}}(p) \Big|_{p=\frac{s}{\Omega_{\text{p}}}}$$

$$= \frac{\Omega_{\text{p}}^4}{7.980\ 8 \prod\limits_{k=1}^{4} (s - \Omega_{\text{p}}p_k)} = \frac{\Omega_{\text{p}}^4}{7.980\ 8 \prod\limits_{k=1}^{4} (s - s_k)}$$

其中 $s_k = \Omega_{\text{p}}p_k = 6\pi \times 10^3 p_k, k=1,2,3,4$。因为 $p_4 = p_1^*, p_3 = p_2^*$,所以 $s_4 = s_1^*, s_3 = s_2^*$。将两对共轭极点对应的因子相乘,得到分母为二阶因子的形式,其系数全为实数。代入即可得到相应结果。

5.模拟滤波器的系统函数为 $H(s) = \dfrac{1}{s^2 - 3s + 2}$,试分别采用冲激响应不变法和双线性变换法将其转换成数字滤波器 $H(z)$。

【解】 (1)冲激响应不变法(设抽样间隔为 T_{s})

可以求出 $H(s)$ 的极点为

$$s_1 = 1, \quad s_2 = 2$$

所以

$$H(s) = \sum_{i=1}^{N} \frac{A_i}{s - s_i} = \frac{-1}{s-1} + \frac{1}{s-2}$$

$$H(z) = \sum_{i=1}^{N} \frac{A_i}{1 - e^{s_i T_s} z^{-1}}$$

$$= \frac{-1}{1 - e^{T_s} z^{-1}} + \frac{1}{1 - e^{2T_s} z^{-1}}$$

(2) 双线性变换法(设抽样间隔为 T_s)

$$H(z) = H(s) \Big|_{s = \frac{2}{T_s} \frac{1 - z^{-1}}{1 + z^{-1}}}$$

$$= \cfrac{1}{\left(\cfrac{2}{T_s} \cfrac{1 - z^{-1}}{1 + z^{-1}}\right)^2 - 3\left(\cfrac{2}{T_s} \cfrac{1 - z^{-1}}{1 + z^{-1}}\right) + 2}$$

$$= \frac{(1 + z^{-1})^2 T_s^2}{(4 - 6T_s + 2T_s^2) + (4T_s^2 - 8) z^{-1} + (4 + 6T_s + 2T_s^2) z^{-2}}$$

6.假设某模拟滤波器系统函数 $H(s)$ 是一个低通滤波器,并且有 $H(z) = H(s) \big|_{s = \frac{z+1}{z-1}}$,数字滤波器 $H(z)$ 的通带中心位于下面哪种情况? 说明原因。

(1) $\omega = 0$(低通);

(2) $\omega = \pi$(高通);

(3) 除 0 和 π 以外的某一频率(带通)。

【解】 解法一:

按题意可写出

$$H(z) = H(s) \Big|_{s = \frac{z+1}{z-1}}$$

故

$$s = j\Omega = \frac{z + 1}{z - 1} \Big|_{z = e^{j\omega}} = \frac{e^{j\omega} + 1}{e^{j\omega} - 1} = \frac{\cos\frac{\omega}{2}}{j\sin\frac{\omega}{2}} = \frac{1}{j} \cot\frac{\omega}{2}$$

即 $|\Omega| = \left| \cot\frac{\omega}{2} \right|$。

原模拟低通滤波器以 $\Omega = 0$ 为通带中心,由上式可知,$\Omega = 0$ 时,对应于 $\omega = \pi$,故答案为(2)。

解法二:

找出对应于 $\Omega = 0$ 的数字频率 ω 的对应值即可。

令 $z = 1$,对应于 $e^{j\omega} = 1$,应有 $\omega = 0$,则 $H(1) = H(s) \big|_{s = \frac{z+1}{z-1}} = H(\infty)$ 对应的不是模拟低通滤波器;

令 $z = -1$,对应于 $e^{j\omega} = -1$,应有 $\omega = \pi$,则 $H(-1) = H(0)$,即 $\Omega = 0$ 对应 $\omega = \pi$,将模拟低通中心频率 $\Omega = 0$ 映射到 $\omega = \pi$ 处,所以答案为(2)。

解法三:

直接根据双线性变换法设计公式及模拟域低通到高通频率变换公式求解。

双线性变换设计公式为

$$H(z) = H(s) \Big|_{s = \frac{2}{T_s} \frac{1-z^{-1}}{1+z^{-1}} = \frac{2}{T_s} \frac{z-1}{z+1}}$$

当 $T_s = 2$ 时，$H(z) = H\left(\dfrac{z-1}{z+1}\right)$，这时，如果 $H(s)$ 为低通，则 $H(z)$ 亦为低通。

如果将 $H(s)$ 变换为高通滤波器

$$H_h(s) = H\left(\frac{1}{s}\right)$$

则可将 $H_h(s)$ 用双线性变换法变成数字高通，即

$$H_h(z) = H_h(s) \Big|_{s = \frac{z-1}{z+1}} = H\left(\frac{1}{s}\right) \Big|_{s = \frac{z-1}{z+1}} = H\left(\frac{z+1}{z-1}\right)$$

这正是题中所给变换关系，所以数字滤波器 $H\left(\dfrac{z+1}{z-1}\right)$ 通带中心位于 $\omega = \pi$，故答案为 (2)。

7. 设计数字低通滤波器，要求通带内频率低于 0.2π 时，允许幅度误差在 1 dB 之内，频率在 $0.3\pi \sim \pi$ 的阻带衰减大于 10 dB。试采用巴特沃斯型模拟滤波器进行设计，采用冲激响应不变法进行转换，抽样间隔为 T_s。

【解】　本题要求用巴特沃斯型模拟滤波器设计，所以，由巴特沃斯滤波器的单调下降特性，数字滤波器指标描述如下：

$$\omega_p = 0.2\pi \text{ rad}, \quad A_p = 1 \text{ dB}$$

$$\omega_s = 0.3\pi \text{ rad}, \quad A_s = 10 \text{ dB}$$

采用冲激响应不变法转换，所以，相应模拟低通巴特沃斯滤波器指标为

$$\Omega_p = \frac{\omega_p}{T_s}, \quad A_p = 1 \text{ dB}$$

$$\Omega_s = \frac{\omega_s}{T_s}, \quad A_s = 10 \text{ dB}$$

(1) 求滤波器的阶数 N 及归一化系统函数 $H_a(p)$。

$$N = -\frac{\lg k_{sp}}{\lg \lambda_{sp}}$$

$$k_{sp} = \sqrt{\frac{10^{0.1A_p} - 1}{10^{0.1A_s} - 1}} = \sqrt{\frac{10^{0.1} - 1}{10^1 - 1}} = 0.169\,6$$

$$\lambda_{sp} = \frac{\Omega_s}{\Omega_p} = \frac{\omega_s}{\omega_p} = 1.5$$

$$N = -\frac{\lg 0.169\,6}{\lg 1.5} = 4.376$$

取 $N = 5$。所以其归一化低通原型为

$$H_a(p) = \dfrac{1}{\displaystyle\prod_{k=0}^{4}(p-p_k)}$$

$$p_0 = -0.309\,0 + \mathrm{j}0.951\,1 = p_4^*$$

$$p_1 = -0.809\,0 + \mathrm{j}0.581\,8 = p_3^*$$

$$p_2 = -1$$

将 $H_a(p)$ 部分分式展开：

$$H_a(p) = \sum_{k=0}^{4} \frac{A_k}{p-p_k}$$

其中系数为

$$A_0 = -0.138\,2 + \mathrm{j}0.425\,3\,, \quad A_1 = -0.809\,1 - \mathrm{j}1.113\,5$$

$$A_2 = 1.894\,7\,, \quad A_3 = -0.809\,1 + \mathrm{j}1.113\,5$$

$$A_4 = -0.138\,2 - \mathrm{j}0.425\,3$$

(2) 去归一化求得相应的模拟滤波器系统函数 $H(s)$。

我们希望阻带指标刚好,让通带指标留有富裕量,所以由式 $\Omega_c = \Omega_s (10^{0.1A_s} - 1)^{-\frac{1}{2N}}$ 求得 3 dB 截止频率 Ω_c 为

$$\Omega_c = \Omega_s (10^{0.1A_s} - 1)^{-\frac{1}{2N}} = \frac{0.3\pi}{T_s}(10-1)^{-\frac{1}{10}} = 0.756\,6/T_s\,(\mathrm{rad/s})$$

$$H(s) = H_a(p)\big|_{p=\frac{s}{\Omega_c}} = \sum_{k=0}^{4} \frac{\Omega_c A_k}{s - \Omega_c p_k} = \sum_{k=0}^{4} \frac{B_k}{s - s_k}$$

其中 $B_k = \Omega_c A_k, s_k = \Omega_c p_k$。

(3) 用冲激不变法将 $H(s)$ 转换成数字滤波器系统函数 $H(z)$,即

$$H(z) = \sum_{k=0}^{4} \frac{B_k}{1 - \mathrm{e}^{s_k T_s} z^{-1}}$$

8. 设计数字高通滤波器,要求通带截止频率 $\omega_p = 0.8\pi$ rad,通带衰减不大于 3 dB,阻带截止频率 $\omega_s = 0.5\pi$ rad,阻带衰减不小于 11 dB。试采用巴特沃斯型模拟滤波器进行设计。采用双线性变换法进行转换。

【解】 (1) 确定数字高通滤波器技术指标:

$$\omega_p = 0.8\pi \text{ rad}, \quad A_p = 3 \text{ dB}$$

$$\omega_s = 0.5\pi \text{ rad}, \quad A_s = 11 \text{ dB}$$

(2) 确定相应模拟高通滤波器技术指标。由于设计的是高通数字滤波器,所以应选用双线性变换法,因此进行预畸变校正求模拟高通边界频率(假定采样间隔 $T_s = 2$ s):

$$\Omega_p = \frac{2}{T_s}\tan\frac{\omega_p}{2} = \tan(0.4\pi) = 3.077\,7 \text{ rad/s}, \quad A_p = 3 \text{ dB}$$

$$\Omega_s = \frac{2}{T_s}\tan\frac{\omega_s}{2} = \tan 0.25\pi = 1 \text{ rad/s}, \quad A_s = 11 \text{ dB}$$

(3) 将高通滤波器指标转换成模拟低通指标。高通归一化边界频率为(本题 $\Omega_p = \Omega_c$):

$$\eta_p = \frac{\Omega_p}{\Omega_c} = 1$$

$$\eta_s = \frac{\Omega_s}{\Omega_c} = \frac{1}{3.0777} = 0.3249$$

低通指标为

$$\lambda_p = \frac{1}{\eta_p} = 1, \quad A_p = 3 \text{ dB}$$

$$\lambda_s = \frac{1}{\eta_s} = 3.0777, \quad A_s = 11 \text{ dB}$$

(4) 设计归一化低通 $G(p)$:

$$k_{sp} = \sqrt{\frac{10^{0.1A_p} - 1}{10^{0.1A_s} - 1}} = \sqrt{\frac{10^{0.3} - 1}{10^{1.1} - 1}} = 0.2930$$

$$\lambda_{sp} = \frac{\lambda_s}{\lambda_p} = 3.0777$$

$$N = -\frac{\lg k_{sp}}{\lg \lambda_{sp}} = -\frac{\lg 0.2930}{\lg 3.0777} = 1.0920$$

取 $N = 2$。

查表得归一化低通 $G(p)$ 为

$$G(p) = \frac{1}{s^2 + \sqrt{2}s + 1}$$

(5) 频率变换,求模拟高通 $H(s)$:

$$H(s) = G(p)\Big|_{p = \frac{\Omega_c}{s}} = \frac{s^2}{s^2 + \sqrt{2}\Omega_c s + \Omega_c^2} = \frac{s^2}{s^2 + 4.3515s + 9.4679}$$

(6) 用双线性变换法将 $H(s)$ 转换成 $H(z)$:

$$H(z) = H(s)\Big|_{s = \frac{1-z^{-1}}{1+z^{-1}}} = \frac{1 - 2z^{-1} + z^{-2}}{14.8194 + 16.9358z^{-1} + 14.8194z^{-2}}$$

第 7 章

有限长冲激响应(FIR)数字滤波器结构与设计

7.1 学习要点

本章主要内容:

(1)FIR 数字滤波器的网络结构。

(2)线性相位 FIR 数字滤波器的条件和特点。

(3)窗函数法设计 FIR 数字滤波器。

(4)频率抽样法设计 FIR 数字滤波器。

(5)FIR 和 IIR 数字滤波器的比较。

7.1.1 FIR 数字滤波器的网络结构

FIR 滤波器有如下特点:

(1)系统的单位冲激响应 $h(n)$ 在有限个 n 值处不为零。

(2)系统函数 $H(z)$ 在 $|z|>0$ 处收敛,在 $|z|>0$ 处只有零点,有限 z 平面只有零点,而全部极点都在 $z=0$ 处。

(3)结构上主要是非递归结构,没有输出到输入的反馈,但在有些结构中(例如频率抽样结构)含有递归部分。

1. 直接型

设 FIR 滤波器的单位冲激响应 $h(n)$ 为有限长的,取值范围为 $0 \leqslant n \leqslant N-1$,则

$$y(n) = \sum_{m=0}^{N-1} h(m)x(n-m) \tag{7.1}$$

可根据式(7.1)直接画出 FIR 滤波器的直接型结构。由于该结构利用输入信号 $x(n)$ 和滤

波器单位冲激响应 $h(n)$ 的线性卷积来描述输出信号 $y(n)$，因此 FIR 滤波器的直接型结构又称为卷积型结构，也称为横截型结构。

2. 级联型

当需要控制系统传输零点时，将系统函数 $H(z)$ 分解成二阶实系数因子的形式，这就是级联型结构，其中每一个因式都用直接型实现，即

$$H(z) = \sum_{n=0}^{N-1} h(n)z^{-n} = \prod_{i=1}^{M} (a_{0i} + a_{1i}z^{-1} + a_{2i}z^{-2}) \tag{7.2}$$

3. 频率抽样结构

由频域抽样定理的内插公式可知

$$H(z) = (1 - z^{-N}) \frac{1}{N} \sum_{k=0}^{N-1} \frac{H(k)}{1 - W_N^{-k}z^{-1}} \tag{7.3}$$

$$H(z) = \frac{1}{N} H_c(z) \sum_{k=0}^{N-1} H_k(z)$$

式中　　$H_c(z) = 1 - z^{-N}$；

　　　$H_k(z) = \dfrac{H(k)}{1 - W_N^{-k}z^{-1}}$。

$H(z)$ 是由梳状滤波器 $H_c(z)$ 和 N 个一阶网络 $H_k(z)$ 的并联结构进行级联而成的，其网络结构如图 7.1 所示。

每个 $H_k(z)$ 具有一个极点：

$$z_k = W_N^{-k} \quad (k = 0, 1, 2, \cdots, N-1)$$

$H_c(z)$ 具有 N 个单位圆上等间隔分布的零点：

$$z_i = e^{j\frac{2\pi}{N}i} = W_N^{-i} \quad (i = 0, 1, 2, \cdots, N-1)$$

理论上，极点和零点相互抵消，保证了网络的稳定性。

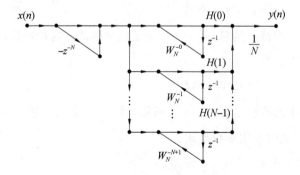

图 7.1　FIR 滤波器频率抽样结构

优点：

(1) 调试方便。

（2）便于标准化、模块化。

缺点：

（1）FIR 频率抽样型网络结构中的系数 $H(k)$ 和 W_N^{-k} 一般是复数，要求使用复数乘法器，这对于硬件实现是较困难的。

（2）实际中由于量化误差等原因使得零、极点不能抵消时，可能会造成频率抽样结构的不稳定。

7.1.2 线性相位 FIR 数字滤波器的条件和特点

1. 线性相位条件

$$H(j\omega) = H_g(\omega) e^{j\theta(\omega)} \tag{7.4}$$

式中，$H_g(\omega)$ 称为幅度特性，$\theta(\omega)$ 称为相位特性。

$$\theta(\omega) = -\tau\omega \quad (\tau \text{ 为常数}) \tag{7.5}$$

$$\theta(\omega) = \theta_0 - \tau\omega \quad (\theta_0 \text{ 是起始相位}) \tag{7.6}$$

满足式（7.5）称为第一类线性相位（严格线性相位）；满足式（7.6）称为第二类线性相位（准线性相位）。

第一类线性相位的条件：

$h(n)$ 是实序列且对 $(N-1)/2$ 偶对称，即

$$h(n) = h(N-n-1) \tag{7.7}$$

第二类线性相位的条件：

$h(n)$ 是实序列且对 $(N-1)/2$ 奇对称，即

$$h(n) = -h(N-n-1) \tag{7.8}$$

2. 线性相位 FIR 滤波器幅度特性 $H_g(\omega)$ 的特点

（1）$h(n) = h(N-n-1)$，$N = $ 奇数。

幅度特性 $H_g(\omega)$ 的特点是对 $\omega = 0$、π、2π 是偶对称的。这种情况可实现低通、高通、带通、带阻等各种滤波器。

（2）$h(n) = h(N-n-1)$，$N = $ 偶数。

幅度特性 $H_g(\omega)$ 的特点是对 $\omega = \pi$ 奇对称，且 $\omega = \pi$ 处有一零点，使 $H_g(\pi) = 0$，这样，对于高通和带阻则不适合采用这种形式。

（3）$h(n) = -h(N-n-1)$，$N = $ 奇数。

幅度特性 $H_g(\omega)$ 的特点是在 $\omega = 0$、π、2π 处为零，即在 $z = \pm 1$ 处是零点，且 $H_g(\omega)$ 对 $\omega = 0$、π、2π 呈奇对称形式。这种情况只能用于带通滤波器的设计，其他类型均不适用。

（4）$h(n) = -h(N-n-1)$，$N = $ 偶数。

幅度特性 $H_g(\omega)$ 的特点是在 $\omega=0$、2π 处为零,即在 $z=1$ 处有一个零点,且对 $\omega=0$、2π 奇对称,对 $\omega=\pi$ 呈偶对称。这种情况适合高通或带通滤波器的设计,不能设计低通和带阻滤波器。

线性相位 FIR 滤波器的幅度特性与相位特性汇总见表7.1。

表7.1　线性相位 FIR 滤波器的特性汇总

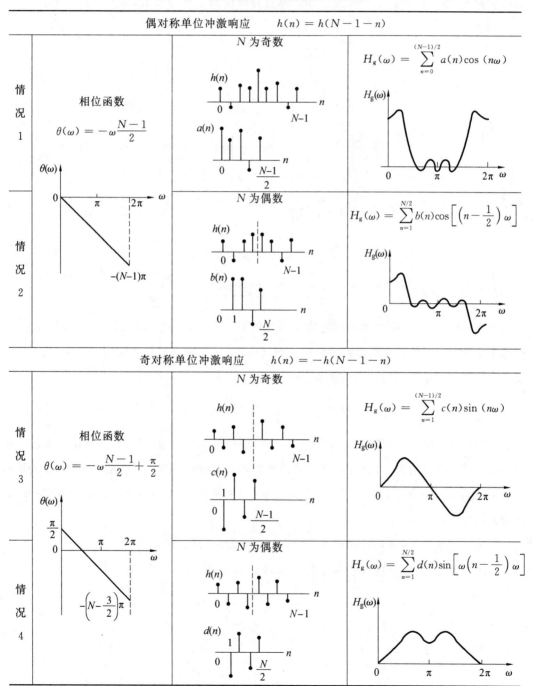

3. 线性相位 FIR 滤波器零点分布特点

线性相位 FIR 滤波器零点分布特点是零点必须是互为倒数的共轭对,确定其中一个,另外三个零点也确定了。当然,也有一些特殊情况,如图 7.2 所示,一般情况是图中 z_1、z_1^{-1}、z_1^* 和 $(z_1^*)^{-1}$ 情况。如果零点是实数,则只有两个零点,即图中 z_2、z_2^{-1}。如果零点在单位圆上但不在实轴上,则是图中 z_3、z_3^* 情况。如果零点在单位圆上且是实数,则只有一个零点,即图中 z_4 情况。

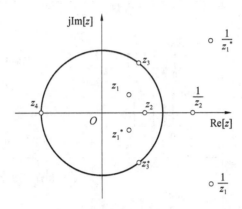

图 7.2　线性相位 FIR 滤波器零点分布

7.1.3　利用窗函数法设计 FIR 数字滤波器

基本思路:先给定所要求的理想滤波器的频率响应 $H_d(j\omega)$,要求设计一个 FIR 滤波器频率响应 $H(j\omega)$,去逼近理想的频率响应 $H_d(j\omega)$。首先由理想频率响应 $H_d(j\omega)$ 的傅里叶反变换推导出对应的单位冲激响应 $h_d(n)$。

$$h_d(n) = \frac{1}{2\pi} \int_{-\pi}^{\pi} H_d(j\omega) e^{j\omega n} d\omega$$

一般情况下 $h_d(n)$ 是无限时宽且是非因果序列,因此将 $h_d(n)$ 截取一段,并保证截取的一段 $h(n)$ 对 $(N-1)/2$ 对称,可以保证所设计的滤波器具有线性相位。可以把 $h(n)$ 表示为所需单位冲激响应与一个有限长的窗口函数序列 $w(n)$ 的乘积,即 $h(n)=h_d(n)w(n)$,其中 $w(n)$ 称为窗函数。

阻带衰减指标:通过选择窗函数的类型以满足要求,详见表 7.2。

过渡带宽指标:通过选择窗函数的长度 N 以满足要求,详见表 7.2。

表 7.2　六种窗函数基本参数的比较

窗函数	旁瓣峰值幅度 /dB	主瓣宽度	过渡带宽 $\Delta\omega$	阻带最小衰减 /dB
矩形窗	-13	$4\pi/N$	$1.8\pi/N$	21
三角形窗	-25	$8\pi/N$	$6.1\pi/N$	25
汉宁窗	-31	$8\pi/N$	$6.2\pi/N$	44
海明窗	-41	$8\pi/N$	$6.6\pi/N$	53
布拉克曼窗	-57	$12\pi/N$	$11\pi/N$	74
凯塞窗$(\beta=7.865)$	-57	—	$10\pi/N$	80

设计步骤:

(1) 给定希望逼近的频率响应函数 $H_d(j\omega)$,若所给指标为边界频率和通带、阻带衰减,可选择理想滤波器做逼近函数。

$$H_d(j\omega)=H_d(\omega)e^{-ja\omega}$$

为保证线性相位,取 $a=(N-1)/2$。

(2) 求单位冲激响应 $h_d(n)$。

$$h_d(n)=\frac{1}{2\pi}\int_{-\pi}^{\pi}H_d(j\omega)e^{j\omega n}d\omega$$

(3) 根据阻带衰减指标,选择窗函数的形状。根据允许的过渡带宽 $\Delta\omega$,选定 N 值。

(4) 将 $h_d(n)$ 与窗函数相乘得 FIR 数字滤波器的冲激响应 $h(n)$。

$$h(n)=h_d(n)w(n)$$

(5) 计算 FIR 数字滤波器的频率响应,并验证是否达到所要求的指标。

$$H(j\omega)=\sum_{n=0}^{N-1}h(n)e^{-j\omega n}$$

由 $H(j\omega)$ 计算幅度函数 $H_g(\omega)$ 和相位响应 $\theta(\omega)$。若不满足指标要求,重复步骤(3)~(5),直到满足指标为止。

7.1.4　利用频率抽样法设计 FIR 数字滤波器

待设计的滤波器的频率响应函数用 $H_d(j\omega)$ 表示,对它在 $\omega=0\sim2\pi$ 等间隔抽样 N 点,得到 $H_d(k)$,

$$H_d(j\omega)\Big|_{\omega=2\pi k/N}=H_d(k)\quad(k=0,1,2,\cdots,N-1)$$

$$h(n)=\frac{1}{N}\sum_{k=0}^{N-1}H_d(k)e^{j\frac{2\pi}{N}kn}\quad(n=0,1,2,\cdots,N-1)$$

$$H(z)=\frac{1-z^{-N}}{N}\sum_{k=0}^{N-1}\frac{H_d(k)}{1-e^{j\frac{2\pi}{N}k}z^{-1}} \tag{7.9}$$

式(7.9)就是直接利用频率抽样值 $H_d(k)$ 形成滤波器的系统函数。

需考虑的两个问题：

(1) 为了实现线性相位 $H_d(k)$ 应满足什么条件。

(2) 逼近误差问题及其改进措施。

1. 用频率抽样法设计线性相位滤波器的条件(第一类线性相位)

$$H_d(k) = H_g(k)e^{j\theta(k)} \qquad (7.10)$$

$$\theta(k) = -\frac{N-1}{2}\frac{2\pi}{N}k = -\frac{N-1}{N}\pi k \qquad (7.11)$$

$$H_g(k) = H_g(N-1-k) \quad (N \text{ 为奇数}) \qquad (7.12)$$

$$H_g(k) = -H_g(N-1-k), \text{且 } H_g\left(\frac{N}{2}\right) = 0 \quad (N \text{ 为偶数}) \qquad (7.13)$$

2. 逼近误差及其改进措施

抽样点处 $H(j\omega_k)\left(\omega_k = \dfrac{2\pi k}{N}\right)$ 与 $H_d(k)$ 相等。逼近误差为 0。在抽样点之间，$H(j\omega)$ 由有限项的 $H_d(k)\phi(\omega - 2\pi k/N)$ 之和形成。其误差和 $H_d(j\omega)$ 特性的平滑程度有关，特性越平滑的区域，误差越小，特性曲线间断点处，误差最大。表现为间断点被倾斜线取代，且间断点附近形成振荡特性，使阻带衰减减小。

提高阻带衰减最有效的方法是在频率响应间断点附近区间内插一个或几个过渡抽样点，使不连续点变成缓慢过渡，这样虽然加大了过渡带宽，但会改善阻带衰减指标。

3. 两种抽样形式

在单位圆上进行等间隔抽样，依据抽样点的分布，可分为 Ⅰ 型和 Ⅱ 型抽样两种类型，如图 7.3 所示。Ⅰ 型抽样 $H(0)$ 取在 $z=1$ 处，各抽样点角频率为 $\omega_k = \dfrac{2\pi}{N}k, k=0,1,\cdots,N-1$。Ⅱ 型抽样 $H(0)$ 取在 $z=e^{j\pi/N}$ 处，各抽样点角频率为 $\omega_k = \dfrac{2\pi}{N}(k+1/2), k=0,1,\cdots, N-1$。

实际设计滤波器时，频带边界频率距哪个类型抽样的抽样点更近，就选择该类型抽样，会获得更好的设计效果。

7.1.5 FIR 和 IIR 数字滤波器的比较

1. 性能

FIR 滤波器可以得到严格的线性相位，但阶数比 IIR 滤波器高；

IIR 滤波器可以用较少的阶数获得很高的幅频选择特性，但很难获得线性相位。

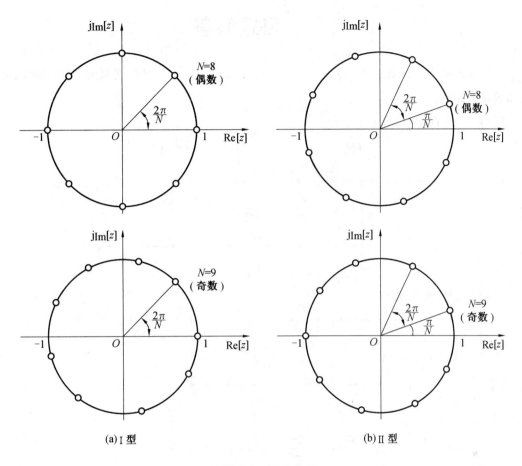

图 7.3　两种抽样

2. 结构

FIR 滤波器主要采用非递归结构,一般不存在稳定性问题(频率抽样结构除外),运算误差也较小。

IIR 必须采用递归型结构,极点位置必须在单位圆内,否则,系统将不稳定。

3. 设计

FIR 滤波器设计只有计算程序可用,对计算工具要求较高。

IIR 滤波器可以借助模拟滤波器的成果,一般都有有效的封闭函数设计公式可供准确地计算。又有许多数据和表格可查,设计计算的工作量比较小,对计算工具的要求不高。

4. 适应性

FIR 滤波器比较灵活,更容易适应各种幅度特性和相位特性的要求,具有更大的适应性。

IIR 滤波器主要是用于设计具有分段常数特性的滤波器,如低通、高通、带通及带阻。

7.2 习题解答

1. 设系统的系统函数为 $H(z)=(1-3z^{-1})(1-6z^{-1}+2z^{-2})$，试分别画出它的直接型结构和级联型结构。

【解】 （1）直接型（图 7.4）：

$$H(z)=1-9z^{-1}+20z^{-2}-6z^{-3}$$

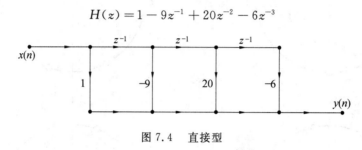

图 7.4 直接型

（2）级联型（图 7.5）：

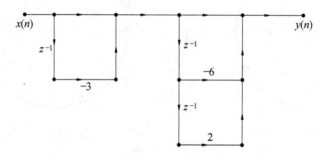

图 7.5 级联型

2. 已知 FIR 滤波器的单位冲激响应为

(1) $N=6$ 时，$h(0)=h(5)=1.5$，$h(1)=h(4)=2$，$h(2)=h(3)=3$；

(2) $N=7$ 时，$h(0)=-h(6)=3$，$h(1)=-h(5)=-2$，$h(2)=-h(4)=1$，$h(3)=0$。

分别说明它们的幅度函数、相位函数各有什么特点。

【解】 （1）由所给 $h(n)$ 的取值可知，$h(n)$ 满足 $h(n)=h(N-1-n)$，所以 FIR 滤波器具有第一类线性相位特性：

$$\theta(\omega)=-\omega\frac{N-1}{2}=-2.5\omega$$

由于 $N=6$ 为偶数（情况 2），所以幅度特性关于 $\omega=\pi$ 点奇对称。

（2）由所给 $h(n)$ 的取值可知，$h(n)$ 满足 $h(n)=-h(N-1-n)$，所以 FIR 滤波器具有第二类类线性相位特性：

$$\theta(\omega)=\frac{\pi}{2}-\omega\frac{N-1}{2}=\frac{\pi}{2}-3\omega$$

由于 $N=7$ 为奇数（情况 3），因此幅度特性关于 $\omega=0$、π、2π 呈奇对称。

3. 设 FIR 滤波器的系统函数为

$$H(z) = \frac{1}{7}(1 + 0.9z^{-1} + 2.1z^{-2} + 0.9z^{-3} + z^{-4})$$

求其幅度函数和相位函数,并画出其直接型的结构图。

【解】　由 $H(z) = \sum_{n=0}^{N-1} h(n)z^{-n}$,本题中的 $h(n)$ 是实序列且关于$(N-1)/2$偶对称,所以系统满足第一类线性相位条件(图 7.6)。

其幅度函数为

$$H(\omega) = \sum_{n=0}^{N-1} h(n)\cos\left[\left(n - \frac{N-1}{2}\right)\omega\right]$$

其相位函数为

$$\theta(\omega) = -\frac{1}{2}(N-1)\omega$$

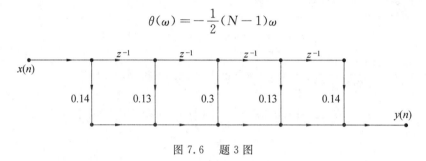

图 7.6　题 3 图

4. 设计一低通线性相位 FIR 数字滤波器,滤波器的截止频率为 0.5π, $N=21$,若要求滤波器的阻带衰减分别为 20 dB 和 40 dB,现按窗函数法设计该滤波器,试分别确定:

(1) 窗函数类型并说明理由;

(2) 在(1)确定的窗函数下设计的滤波器的过渡带宽。

【解】　(1) 参见表 7.2,矩形窗的阻带衰减可以达到 21 dB,汉宁窗的阻带衰减可以达到 44 dB。分别可以满足阻带衰减为 20 dB 和 40 dB 的指标要求,且在满足阻带衰减指标情况下具有最小的过渡带宽和最为简单的窗函数公式,因此设计阻带衰减为 20 dB 的数字滤波器时选择矩形窗,设计阻带衰减为 40 dB 的数字滤波器时选择汉宁窗。

(2) 由表 7.2 看出,利用矩形窗设计出的滤波器过渡带宽为 $1.8\pi/N$,利用汉宁窗设计出的滤波器过渡带宽为 $6.2\pi/N$,因此利用矩形窗设计的滤波器的过渡带宽为 $\Delta\omega = 1.8\pi/N = 1.8\pi/21 = 9\pi/105$,利用汉宁窗设计的滤波器的过渡带宽为 $\Delta\omega = 6.2\pi/N = 6.2\pi/21 = 31\pi/105$。

5. 用海明窗设计一线性相位 FIR 带通滤波器,$N=51$,理想滤波器的幅频特性为

$$|H_d(j\omega)| = \begin{cases} 1 & (0.3\pi \leqslant \omega \leqslant 0.7\pi) \\ 0 & (0 \leqslant \omega < 0.3\pi, 0.7\pi < \omega \leqslant \pi) \end{cases}$$

写出该系统的系数 $h(n)$ 的表达式。

【解】 依据题意,有

$$H_d(j\omega) = \begin{cases} e^{-j\omega a} & (0.3\pi \leqslant \omega \leqslant 0.7\pi) \\ 0 & (0 \leqslant \omega < 0.3\pi, 0.7\pi < \omega \leqslant \pi) \end{cases}$$

$$a = \frac{N-1}{2} = 25$$

带通滤波器的下、上截止频率为:$\omega_{c1} = 0.3\pi$,$\omega_{c2} = 0.7\pi$。

虽然给出的仅是 $H_d(j\omega)$ 在 $0 \sim \pi$ 的表达式,但是求解时必须考虑 $-\pi \sim \pi$ 或 $0 \sim 2\pi$ 的分布。

$$h_d(n) = \frac{1}{2\pi} \int_{-\pi}^{\pi} H_d(j\omega) e^{j\omega n} d\omega = \frac{1}{2\pi} \int_{-\omega_{c2}}^{-\omega_{c1}} e^{-j\omega a} e^{j\omega n} d\omega + \frac{1}{2\pi} \int_{\omega_{c1}}^{\omega_{c2}} e^{-j\omega a} e^{j\omega n} d\omega$$

$$= \frac{1}{2\pi} \cdot \frac{1}{j(n-a)} \left[e^{-j(n-a)\omega_{c1}} - e^{-j(n-a)\omega_{c2}} + e^{j(n-a)\omega_{c2}} - e^{j(n-a)\omega_{c1}} \right]$$

$$= \frac{1}{\pi(n-a)} \left\{ \sin\left[(n-a)\omega_{c2}\right] - \sin\left[(n-a)\omega_{c1}\right] \right\}$$

$$= \frac{1}{\pi(n-25)} \left\{ \sin\left[0.7\pi(n-25)\right] - \sin\left[0.3\pi(n-25)\right] \right\}$$

$$= \frac{2}{\pi(n-25)} \sin\left[0.2\pi(n-25)\right] \cos\left[0.5\pi(n-25)\right]$$

采用海明窗:

$$h(n) = h_d(n)w(n)$$

$$= \begin{cases} \frac{2}{\pi(n-25)} \sin\left[0.2\pi(n-25)\right] \cos\left[0.5\pi(n-25)\right] \left[0.54 - 0.46\cos\frac{\pi n}{25}\right] & (0 \leqslant n \leqslant 50) \\ 0 & (n \text{ 为其他}) \end{cases}$$

6.试分别用 Ⅰ 型抽样和 Ⅱ 型抽样设计一线性相位低通 FIR 滤波器,要求 $\omega_c = 0.5\pi$,$N = 51$。

【解】

$$|H_d(j\omega)| = \begin{cases} 1 & (0 \leqslant |\omega| \leqslant \omega_c) \\ 0 & (\omega_c < |\omega| \leqslant \pi) \end{cases}$$

Ⅰ 型抽样:

$N = 51$,采用第一类线性相位滤波器。第一类线性相位滤波器的幅度特性 $H_g(\omega)$ 关于 $\omega = \pi$ 为偶对称,即

$$H_d(j\omega) = H_g(\omega) e^{-j\omega\frac{N-1}{2}}, \quad H_g(\omega) = H_g(2\pi - \omega)$$

则

$$H_d(k) = H_g(k) e^{j\theta(k)}, \quad H_g(k) = H_g(N-k)$$

因而

$$\theta(k) = -\frac{N-1}{2} \frac{2\pi}{N} k = \frac{N-1}{N} k\pi = -\frac{50}{51} k\pi \quad (0 \leqslant k \leqslant 50)$$

因为 $\omega_c = 0.5\pi$，所以

$$k_c = \left[\frac{\omega_c N}{2\pi}\right] = \left[\frac{0.5\pi}{2\pi} \times 51\right] = [12.75] = 12$$

$$H_g(k) = \begin{cases} 1 & (0 \leqslant k \leqslant 12, 39 \leqslant k \leqslant 50) \\ 0 & (13 \leqslant k \leqslant 38) \end{cases}$$

滤波器频率响应为

$$H(j\omega) = \sum_{k=0}^{N-1} H_d(k) \varphi\left[j\left(\omega - \frac{2\pi}{N}k\right)\right] = \sum_{k=0}^{N-1} H_d(k) \frac{\sin\left[\left(\omega - \frac{2\pi}{N}k\right)\frac{N}{2}\right]}{N\sin\left[\left(\omega - \frac{2\pi}{N}k\right)/2\right]} e^{-j\left[\left(\omega - \frac{2\pi}{N}k\right)\frac{N-1}{2}\right]}$$

$$= \sum_{k=0}^{12} e^{-\frac{50}{51}k\pi} \frac{\sin\left[\left(\omega - \frac{2\pi}{N}k\right)\frac{N}{2}\right]}{N\sin\left[\left(\omega - \frac{2\pi}{N}k\right)/2\right]} e^{-j\left[\left(\omega - \frac{2\pi}{N}k\right)\frac{N-1}{2}\right]} +$$

$$\sum_{k=39}^{50} e^{-\frac{50}{51}k\pi} \frac{\sin\left[\left(\omega - \frac{2\pi}{N}k\right)\frac{N}{2}\right]}{N\sin\left[\left(\omega - \frac{2\pi}{N}k\right)/2\right]} e^{-j\left[\left(\omega - \frac{2\pi}{N}k\right)\frac{N-1}{2}\right]}$$

Ⅱ 型抽样：

$N = 51$，采用第一类线性相位滤波器。

$$H_d(k) = \sum_{n=0}^{N-1} h(n) e^{-j\frac{2\pi}{N}(k+\frac{1}{2})n}$$

当 $h(n)$ 是实序列时，满足

$$H_d(k) = H_d^*(N-k)$$

同样记 $H_d(k) = H_g(k) e^{j\theta(k)}$，则

$$H_g(k) = H_g(N-k)$$

$$\theta(k) = -\frac{(N-1)}{2} \cdot \frac{2\pi}{N}\left(k + \frac{1}{2}\right)$$

$$k_c = \left[\frac{\omega_c - \frac{\pi}{N}}{\frac{2\pi}{N}}\right] = [12.25] = 12$$

考虑到线性相位的要求，且 N 为奇数，有

$$\theta(k) = \begin{cases} -\frac{2\pi}{N}\left(k + \frac{1}{2}\right)\frac{N-1}{2} = -\frac{50}{51}\pi\left(k + \frac{1}{2}\right) & (k=0,1,\cdots,24) \\ 0 & (k=25) \\ \frac{2\pi}{N}\left(N-k-\frac{1}{2}\right)\frac{N-1}{2} = -\frac{50}{51}\pi\left(N-k-\frac{1}{2}\right) & (k=26,27,\cdots,50) \end{cases}$$

$$H_g(k) = \begin{cases} 1 & (0 \leqslant k \leqslant 12, 39 \leqslant k \leqslant 50) \\ 0 & (13 \leqslant k \leqslant 38) \end{cases}$$

滤波器频率响应为

$$H(j\omega) = e^{-j\left(\frac{N-1}{2}\right)\omega} \left\{ \frac{H_g\left(\frac{N-1}{2}\right)}{N} \frac{\cos\frac{\omega N}{2}}{\cos\frac{\omega}{2}} + \sum_{k=0}^{(N-3)/2} \frac{H_g(k)}{N} \left[\frac{\sin\left\{N\left[\frac{\omega}{2} - \frac{\pi}{N}\left(k + \frac{1}{2}\right)\right]\right\}}{\sin\left[\frac{\omega}{2} - \frac{\pi}{N}\left(k + \frac{1}{2}\right)\right]} \right] + \right.$$

$$\left. \frac{\sin\left\{N\left[\frac{\omega}{2} + \frac{\pi}{N}\left(k + \frac{1}{2}\right)\right]\right\}}{\sin\left[\frac{\omega}{2} + \frac{\pi}{N}\left(k + \frac{1}{2}\right)\right]} \right] \right\}$$

$$= e^{-j25\omega} \left\{ \sum_{k=0}^{12} \frac{1}{N} \left[\frac{\sin\left\{51\left[\frac{\omega}{2} - \frac{\pi}{51}\left(k + \frac{1}{2}\right)\right]\right\}}{\sin\left[\frac{\omega}{2} - \frac{\pi}{51}\left(k + \frac{1}{2}\right)\right]} + \frac{\sin\left\{51\left[\frac{\omega}{2} + \frac{\pi}{51}\left(k + \frac{1}{2}\right)\right]\right\}}{\sin\left[\frac{\omega}{2} + \frac{\pi}{51}\left(k + \frac{1}{2}\right)\right]} \right] \right\}$$

7. 设计一 FIR 线性相位滤波器,该滤波器的理想频率特性为

$$|H_d(j\omega)| = \begin{cases} 1 & (|\omega| \leqslant \pi/6) \\ 0 & (\pi/6 < |\omega| < \pi) \end{cases}$$

(1) 加矩形窗,$N = 25$,求 $h(n)$;

(2) 加海明窗,$N = 25$,求 $h(n)$。

【解】 依据题意,有

$$H_d(j\omega) = \begin{cases} e^{-j\omega a} & (|\omega| \leqslant \pi/6) \\ 0 & (\pi/6 < |\omega| < \pi) \end{cases}$$

$$a = \frac{N-1}{2} = 12$$

$$\omega_c = \frac{\pi}{6}$$

$$h_d(n) = \frac{1}{2\pi} \int_{-\pi}^{\pi} H_d(j\omega) e^{j\omega n} d\omega = \frac{1}{2\pi} \int_{-\omega_c}^{\omega_c} e^{-j\omega a} e^{j\omega n} d\omega = \frac{\sin[\omega_c(n-a)]}{\pi(n-a)}$$

(1) 采用矩形窗

$$h(n) = h_d(n)w(n) = h_d(n)R_N(n) = \begin{cases} \dfrac{\sin\left(\frac{\pi}{6}n\right)}{\pi(n-12)} & (0 \leqslant n \leqslant 24) \\ 0 & (n \text{ 为其他}) \end{cases}$$

(2) 采用海明窗

$$h(n) = h_d(n)w(n) = \begin{cases} \dfrac{\sin\left(\frac{\pi}{6}n\right)}{\pi(n-12)}\left[0.54 - 0.46\cos\left(\frac{\pi n}{12}\right)\right] & (0 \leqslant n \leqslant 24) \\ 0 & (n \text{ 为其他}) \end{cases}$$

8.设计一带阻滤波器,该滤波器的理想频率特性为

$$|H_d(j\omega)| = \begin{cases} 1 & (|\omega| \leqslant \pi/6, \pi/3 \leqslant |\omega| \leqslant \pi) \\ 0 & (\pi/6 < |\omega| < \pi/3) \end{cases}$$

(1) 加矩形窗,$N=25$,求 $h(n)$;

(2) 加汉宁窗,$N=25$,求 $h(n)$。

【解】　依据题意,有

$$H_d(j\omega) = \begin{cases} e^{-j\omega a} & (|\omega| \leqslant \pi/6, \pi/3 \leqslant |\omega| \leqslant \pi) \\ 0 & (\pi/6 < |\omega| < \pi/3) \end{cases}$$

$$a = \frac{N-1}{2} = 12$$

$$\omega_{c1} = \frac{\pi}{6}, \quad \omega_{c2} = \frac{\pi}{3}$$

$$h_d(n) = \frac{1}{2\pi} \int_{-\pi}^{\pi} H_d(j\omega) e^{j\omega n} d\omega = \frac{1}{2\pi} \int_{-\pi}^{-\omega_{c2}} e^{-j\omega a} e^{j\omega n} d\omega + \frac{1}{2\pi} \int_{-\omega_{c1}}^{\omega_{c1}} e^{-j\omega a} e^{j\omega n} d\omega + \frac{1}{2\pi} \int_{\omega_{c2}}^{\pi} e^{-j\omega a} e^{j\omega n} d\omega$$

$$= \frac{1}{2\pi} \cdot \frac{1}{j(n-a)} \left[e^{-j(n-a)\omega_{c2}} - e^{-j(n-a)\pi} + e^{j(n-a)\pi} - e^{j(n-a)\omega_{c2}} \right] + \frac{\sin[\omega_{c1}(n-a)]}{\pi(n-a)}$$

$$= \frac{1}{\pi(n-a)} \left\{ \sin[(n-a)\pi] - \sin[(n-a)\omega_{c2}] \right\} + \frac{\sin[\omega_{c1}(n-a)]}{\pi(n-a)}$$

$$= \frac{\sin[(n-a)\pi] + \sin[(n-a)\omega_{c1}] - \sin[(n-a)\omega_{c2}]}{\pi(n-a)}$$

$$= \frac{\sin[(n-12)\pi] + \sin\left[(n-12)\frac{\pi}{6}\right] - \sin\left[(n-12)\frac{\pi}{3}\right]}{\pi(n-12)}$$

(1) 采用矩形窗

$$h(n) = h_d(n)w(n) = h_d(n)R_N(n)$$

$$= \begin{cases} \dfrac{\sin[(n-12)\pi] + \sin\left[(n-12)\frac{\pi}{6}\right] - \sin\left[(n-12)\frac{\pi}{3}\right]}{\pi(n-12)} & (0 \leqslant n \leqslant 24) \\ 0 & (n \text{ 为其他}) \end{cases}$$

(2) 采用汉宁窗

$$h(n) = h_d(n)w(n)$$

$$= \begin{cases} \dfrac{\sin[(n-12)\pi] + \sin\left[(n-12)\frac{\pi}{6}\right] - \sin\left[(n-12)\frac{\pi}{3}\right]}{\pi(n-12)} \left[0.5 - 0.5\cos\frac{\pi n}{12}\right] & (0 \leqslant n \leqslant 24) \\ 0 & (n \text{ 为其他}) \end{cases}$$

第8章

MATLAB 简介
及信号处理工具箱

8.1 学习要点

本章主要内容：

(1)MATLAB 2012b (8.0)简介。

(2)MATLAB 信号处理工具箱函数汇总。

8.1.1 MATLAB 2012b (8.0)简介

20 世纪 80 年代,美国 MathWorks 公司推出了一套高性能的集数值计算、矩阵运算和信号处理与显示于一体的可视化软件 MATLAB,它是英文 Matrix Laboratory(矩阵实验室)两词的前三个字母组成。MATLAB 集成度高,使用方便,输入简捷,运算高效,内容丰富,并且很容易由用户自行扩展,与其他计算机语言相比,MATLAB 有以下显著特点。

1. MATLAB 是一种解释性语言

MATLAB 是以解释方式工作的,键入算式立即得结果,无须编译,即它对每条语句解释后立即执行。若有错误也立即做出反应,便于编程者马上改正。这些都大大减轻了编程和调试的工作量。

2. 变量的"多功能性"

(1) 每个变量代表一个矩阵,它可以有 $n \times m$ 个元素。

(2) 每个元素都看作复数,这个特点在其他语言中也是不多见的。

(3) 矩阵行数、列数无须定义。若要输入一个矩阵,在用其他语言编程时必须定义矩阵的阶数;而用 MATLAB 语言则不必有阶数定义语句,输入数据的列数就决定了它的阶数。

3. 运算符号的"多功能性"

所有的运算,包括加、减、乘、除、函数运算,都对矩阵和复数有效。

4. 人机界面适合科技人员

语言规则与笔算式相似:MATLAB 的程序与科技人员的书写习惯相近,因此易写易读,易于在科技人员之间交流。

5. 强大而简易的作图功能

(1) 能根据输入数据自动确定坐标绘图。

(2) 能规定多种坐标(极坐标、对数坐标等)绘图。

(3) 能绘制三维坐标中的曲线和曲面。

(4) 可设置不同颜色、线型、视角等。

6. 功能丰富,可扩展性强

MATLAB 软件包括基本部分和专业扩展部分。基本部分包括:矩阵的运算和各种变换,代数和超越方程的求解,数据处理和傅里叶变换,数值积分,等等。专业扩展部分称为工具箱(toolbox),用于解决某一个方面的专门问题,或实际某一类的新算法。

MATLAB 2012b(8.0)是 MathWorks 在 2012 年推出的 MATLAB 新版本。该版本修订了新的界面、仿真编辑器和文本中心。作为基本的研发工具,MATLAB 和 Simulink 广泛应用于自动化、航空、通信、电子和工业自动化等领域,并应用于金融服务、计算生物学等新兴技术领域。MATLAB 支持包括自动化系统、航空飞行控制、航空电子技术、通信和其他电子装备、工业机械和医疗器械等领域的设计和开发。

8.1.2　MATLAB 信号处理工具箱函数汇总

信号处理工具箱包括:

(1)滤波器分析与实现。

(2)FIR 数字滤波器设计。

(3)IIR 数字滤波器设计。

(4)模拟滤波器设计。

(5)模拟滤波器变换。

(6)模拟滤波器离散化。

(7)线性系统变换。

(8)窗函数。

(9)变换。

(10)统计信号处理与谱分析。

(11)参数模型。

(12)线性预测。

(13)多采样率信号处理。

(14)波形产生。

(15)特殊操作。

第 9 章

数字信号处理
实际问题的讨论

9.1 学习要点

本章主要内容:

(1)DFT 泄漏。

(2)时域加窗。

(3)频率分辨率及 DFT 参数的选择。

(4)补零技术。

(5)基于快速傅里叶变换的实际频率确定。

(6)实际使用 FFT 的一些问题。

9.1.1 DFT 泄漏

对于实际工作中遇到的连续时间信号,为了能够用数字的方法对它进行分析与处理,首先要将它离散化,然后针对有限长度的数字信号采用 DFT 的手段对其进行频谱分析,用此数字信号的离散频谱代替原有信号的频谱。但是,实际信号离散值的 DFT 频域分析结果,有可能产生假象,即 DFT 泄漏问题。DFT 泄漏现象使得数字信号的 DFT 结果仅仅是对离散化之前的原输入信号真实频谱的一个近似。

DFT 泄漏使任何频率不在 DFT 频率单元中心的所有输入信号成分泄漏到其他 DFT 输出频率单元上,并且,当对实际的有限长时间序列进行 DFT 时,泄漏无法避免。

DFT 泄漏的影响是一个非常棘手的问题,因为当处理的信号包含两个振幅不同的频率成分时,振幅较大的信号的旁瓣可能会掩盖振幅较小的信号的主瓣,从而影响频谱分析的结果。

虽然没有办法完全消除DFT泄漏问题,但是可以采用加窗的方法,减小泄漏的不良影响。

9.1.2 时域加窗

采用DFT对有限长数据进行频谱分析时,相当于在时域对原序列加了矩形窗,这样会造成DFT输出的泄漏。汉宁窗、海明窗等不同的窗函数有各自的优点和缺点,使用这些窗函数可以降低由于矩形窗引起的DFT输出的泄漏。在窗的选择中要做的就是对主瓣宽度、第一旁瓣水平和旁瓣水平大小随频率增大而降低的速度之间进行这种选择。一些特定窗函数的使用取决于其用途,因而窗函数会有多种用途。例如,窗函数用于提高DFT谱分析的准确性,用于设计数字滤波器,等等。

9.1.3 频率分辨率及DFT参数的选择

频率分辨率可以从两个方面定义:

一是某一个算法将原信号$x(n)$中的两个靠得很近的谱峰能分开的能力。

二是在使用DFT时,在频率轴上所得到的最小频率间隔Δf。

第一个定义往往用来比较和检验不同算法性能好坏的指标。

假设$x(n)$中含有两个角频率为ω_1、ω_2的正弦信号,对$x(n)$用矩形窗$R_N(n)$截短时,若窗口的长度N不能满足$\frac{4\pi}{N} < |\omega_2 - \omega_1|$,那么用DTFT对截短后的$x_N(n) = x(n)R_N(n)$做频谱分析时将分辨不出这两个谱峰。为分辨出这两个谱峰,则可通过增大N使上式得到满足。

在实际工作中,当信号长度N不能再增大时,不同算法可给出不同的分辨率。现代谱估计方法一般优于经典谱分析方法,这是因为现代谱估计中的一些算法隐含了对信号长度的扩展,从而提高了分辨率。在这种情况下,使用"分辨率"的第一个定义。

讨论DFT问题时,使用第二个定义。用DFT对信号处理时,两根谱线间隔为$\Delta f = \frac{f_s}{N}$,

Δf越小,分辨率越高。

$$\Delta f = \frac{f_s}{N} = \frac{1}{NT_s} = \frac{1}{T} \tag{9.1}$$

式中　T——原模拟信号$x(t)$的长度;

　　　f_s——抽样频率;

　　　T_s——量化间隔。

式(9.1)表明频谱的分辨率反比于信号长度T。

DFT 参数选择的一般原则：

(1)若已知信号 $x(t)$ 的最高频率 f_c，为了防止混叠，抽样频率 f_s 应该满足

$$f_s \geqslant 2f_c$$

(2)根据实际需要选择合适的频率分辨率 Δf，确定 DFT 所需点数 N 为

$$N = f_s / \Delta f$$

注：为保证使用基 $2-$FFT，可采用补零的方法使 N 成为 2 的整次幂。

(3)确定所需模拟信号 $x(t)$ 的长度为

$$T = N / f_s$$

9.1.4　补零技术

补零是指在执行 DFT 或 FFT 运算之前在输入序列的尾部添加上一些零。比如，如果采集 64 个数据点，那么通常的做法就是计算 64 点 DFT 或 FFT 得到信号频谱。但是，也可以在数据之后添加上 64 个零，并计算 128 点 DFT 或 FFT。由于补零并不增加任何新的信息，所以得到的点 DFT 或 FFT 的频率分辨率并不会改变。对于补上 64 个零点的 128 点数据，输出的频率分量将加倍。

补零以后，不仅频谱的峰值位置更容易清晰地显露出来，而且边带也看得更加清楚。所以虽然补零额外增加了处理量，但可以改善对频谱峰值进行内插的能力。付出的代价越高，处理时间也就越长。如果不采用补零技术，那么就得不到频域的细微结构。

需要指出的一点是，补零并不会提高 DFT 或 FFT 的频率分辨率。换句话说，DFT 或 FFT 输出的主瓣宽度并不会因为补零而改变。频率分辨率只取决于实际的数据长度，补零只能提高对主瓣峰值频率分量进行精确定位的能力。

9.1.5　基于快速傅里叶变换的实际频率确定

设经过数字化后的输入信号为

$$x(n) = \mathrm{e}^{\mathrm{j}2\pi f_0 nT_s} \tag{9.2}$$

式中　T_s——抽样间隔。

把式(9.2)代入 DFT 表达式可得

$$
\begin{aligned}
X(k) &= \sum_{n=0}^{N-1} \mathrm{e}^{\mathrm{j}2\pi f_0 nT_s} \mathrm{e}^{-\mathrm{j}2\pi kn/N} \\
&= \sum_{n=0}^{N-1} \mathrm{e}^{\mathrm{j}2\pi n(f_0 NT_s - k)/N} = \frac{1 - \mathrm{e}^{\mathrm{j}2\pi(Tf_0 - k)}}{1 - \mathrm{e}^{\mathrm{j}2\pi(Tf_0 - k)/N}}
\end{aligned} \tag{9.3}
$$

$$T = NT_s$$

式中　T——信号总持续时间。

上述方程的幅度为

$$|X(k)| = \frac{\sin[\pi(Tf_0 - k)]}{\sin\frac{2\pi(Tf_0 - k)}{N}} \qquad (9.4)$$

这一方程的峰值出现在 $Tf_0 = k$ 处。由于 k 只是一个整数，所以输入信号频率为

$$f_0 \approx \frac{k}{T} \qquad (9.5)$$

9.1.6　实际使用 FFT 的一些问题

1. 以足够高的速率抽样并采集足够长的信息

根据抽样定理，当用 A/D 转换器对连续信号进行离散化处理时，抽样率必须大于连续信号最高频率的 2 倍以防止频域混叠现象的出现（假频）。如果连续信号的最高频率相对于 A/D 转换器的最大抽样率不是很大，频域混叠现象很容易避免。如果不知道输入 A/D 转换器的连续信号的最高频率，应该如何处理？首先应该怀疑在 1/2 抽样率附近 FFT 得到的较大的频谱成分。理想情况下，希望处理随频率增大而谱振幅减小的信号。如果存在某种频率成分，其出现与抽样率有关，则应怀疑它是不是假频。如果怀疑出现了假频或者连续信号中包含有宽带噪声，就不得不在 A/D 之前使用模拟低通滤波器。当然，低通滤波器的截止频率必须大于有意义的信号频率且小于抽样率的一半。

实现 N 点基 2-FFT，需要 $N = 2^M$ 个输入数据，那么，抽样数据选取的时间抽样总长度必须足够长，从而对给定的抽样率 f_s 能够达到期望的 FFT 频率分辨率。数据的时间抽样长度是期望的 FFT 频率分辨率的倒数，按固定抽样率 f_s 所采的数据长度越长，频率分辨率将会越高。即总的数据时间抽样长度为 (N/f_s) s，对于 N 点的 FFT 两个相邻点之间的频率间隔（分辨率）为 (f_s/N) Hz。

2. 在变换之前对数据进行整理

当利用基 2-FFT 时，如果没有对时域数据序列的长度进行控制，序列的长度不是 2 的整数幂，这时有两种选择，一种方法是可以丢弃足够多的数据点使剩下的 FFT 输入序列的长度是 2 的某个整数幂。但是这个方案是不可取的，因为丢弃数据样点会使变换结果的频域分辨率降低。另一种较好的方法是在时间数据序列的尾部填补足够多的零值，使序列的点数和下一个最大的基 2-FFT 的点数相等。

FFT 同样受到谱泄漏的不良影响，可以用窗函数乘时间数据序列来减轻泄漏问题的影响，但应该有所准备，在应用窗函数时，频率分辨率本质上会下降。值得注意的是，如果为了扩充时间序列，有必要填补零样点，必须确保在原始时间数据序列和窗函数相乘之后补零，因为补零后的序列与窗函数相乘的结果会使窗变形，从而使 FFT 泄漏问题更严重。

加窗会减小泄漏问题，但不能完全消除泄漏。另外，利用窗函数时，高能量的谱分量还

会遮蔽低能量的谱分量,特别当原始时间数据的平均值为非零时更明显,这与直流分量 DC 漂移有关。在这种情况下做 FFT,0 Hz 处的大振幅 DC 谱分量将遮住它附近的谱分量。通过计算时间序列的平均值并从原始序列的每个样点中减掉这个平均值可消除这个问题,注意平均和减的过程必须在加窗前进行。这个技术使新时间序列的平均值等于零,因而减少了 FFT 结果中任何高能量的 0 Hz 成分。

3. 改善 FFT 的结果

如果利用 FFT 来检测存在噪声时的信号的能量,并且有足够长的时域数据,那就可以通过对多个 FFT 平均来提高处理的灵敏度。通过这个技术可以检测出实际能量在平均噪声水平下的信号能量,也就是说,只要给出足够多的时域数据,就可以检测出负信噪比的信号成分。

如果原始时域数据仅为实数值数据,可以利用 2N 点实 FFT 技术的优点来提高处理速度,即 2N 点实序列的变换可用单个 N 点的复数基 2−FFT 变换来实现。这样可以用标准的 N 点 FFT 的计算成本得到 2N 点 FFT 的频率分辨率。还有一个提高 FFT 处理速度的技术,就是频域加窗技术。如果需要不加窗时域数据的 FFT,同时,还想对同样的数据加窗函数后做 FFT ,不需要分别执行两次 FFT。可以先对不加窗数据进行 FFT,然后对任一个或所有 FFT 的输出进行频域加窗以减少谱泄漏。

4. 解释 FFT 结果

(1)绝对频率。

FFT 输出的第 k 个频率单元中心的绝对频率为 kf_s/N。如果 FFT 的输入时间序列为实数,$X(k)$ 的输出仅从 $k=0$ 到 $k=N/2-1$ 是独立的,仅需在 k 的范围为 $0 \leqslant k \leqslant N/2-1$ 内确定 FFT 频率单元中心的绝对频率;如果 FFT 输入时间序列为复数,FFT 输出的所有 N 个样值是相互独立的,要在 $0 \leqslant k \leqslant N-1$ 全部范围内确定 FFT 个频率单元中心的绝对频率。

(2)实际振幅。

可以用时间序列的 FFT 谱计算时域信号的实际振幅:

$$X(k) = X_{\text{real}}(k) + \mathrm{j} X_{\text{imag}}(k) \tag{9.6}$$

FFT 输出的幅度为

$$X_{\text{mag}}(k) = |X(k)| = \sqrt{X_{\text{real}}^2(k) + X_{\text{imag}}^2(k)} \tag{9.7}$$

当输入时间序列为实数时,它们都乘了比例因子 $N/2$,如果 FFT 输入时间序列为复数,则比例因子为 N。因此为了确定时域正弦分量的准确振幅,必须用 FFT 幅度除以适当的比例因子,对实数或复数输入,比例因子分别为 $N/2$ 或 N。

如果将窗函数用于原始时域数据,必须进一步用 FFT 振幅除以与利用窗函数有关的处理损失因子。

（3）功率谱。

FFT 的功率谱 $X_{\text{PS}}(k)$ 为

$$X_{\text{PS}}(k) = |X(k)|^2 = X^2_{\text{real}}(k) + X^2_{\text{imag}}(k) \tag{9.8}$$

用分贝形式表示的归一化功率谱可表示为

$$X_{\text{dB}}(k) = 10 \cdot \lg\left(\frac{|X(k)|^2}{|X(k)|^2_{\max}}\right) \tag{9.9}$$

如果用式(9.9)，则不再需要前面提到的 FFT 要乘的比例因子 N 或 $N/2$ 和窗口处理损失因子。

（4）相角。

FFT 输出的相角 $X_\varphi(k)$ 为

$$X_\varphi(k) = \arctan\left(\frac{X_{\text{imag}}(k)}{X_{\text{real}}(k)}\right) \tag{9.10}$$

讨论 FFT 输出相角时，包含大的噪声成分的 FFT 输出会使计算的 $X_\varphi(k)$ 相角产生大的偏差，这意味着仅当对应的 $|X(k)|$ 在 FFT 输出大于平均噪声水平之上时计算 $X_\varphi(k)$ 样值才有意义。

附录

精选题解

附1 离散时间信号与系统精选题解

1.试求下列正弦序列的周期：

(1)$x_1(n)=3\sin(0.05\pi n)$

(2)$x_2(n)=3\sin(0.055\pi n)$

(3)$x_3(n)=2\sin(0.05\pi n)+3\sin(0.12\pi n)$

(4)$x_4(n)=5\cos(0.6n)$

【解】 对于正弦序列 $x(t)=A\sin(n\omega)$，只有当 $\dfrac{\omega}{2\pi}$ 为有理分数 $\dfrac{p}{q}$ 时有 $\sin(n\omega)=$

$\sin\dfrac{n2\pi\omega}{2\pi}=\sin\dfrac{2\pi p}{q}$，因此当 p、q 均为整数时，该正弦序列的周期为 q，即

$$\sin((n+p)\omega)=\sin\frac{2\pi p}{q(n+p)}=\sin(n\omega)$$

反之当 $\dfrac{\omega}{2\pi}$ 不是有理分数时，就没有周期性。因此对于：

(1) $\dfrac{\omega}{2\pi}=\dfrac{0.05\pi}{2\pi}=\dfrac{1}{40}$，周期为 $q=40$。

(2) $\dfrac{\omega}{2\pi}=\dfrac{0.055\pi}{2\pi}=\dfrac{55}{1\,000}\cdot 2=\dfrac{11}{400}$，周期为 $q=400$。

(3) $\dfrac{p_1}{q_1}=\dfrac{\omega}{2\pi}=\dfrac{0.005\pi}{2\pi}=\dfrac{1}{40}$，$\dfrac{p_2}{q_2}=\dfrac{\omega}{2\pi}=\dfrac{0.12\pi}{2\pi}=\dfrac{3}{25}$，故 $T_1=40$，$T_2=25$。正弦序列

$x_3(n)=2\sin(0.05\pi n)+3\sin(0.12\pi n)$ 的周期为：$T=$ 最小公约数$(T_1,T_2)=200$。

(4) $\dfrac{\omega}{2\pi}=\dfrac{0.6}{2\pi}$ 不是有理数，故正弦序列 $x_4(n)=5\cos(0.6n)$ 不是周期序列，无周期。

2.如果离散线性移不变系统的单位冲激响应为 $h(n)$，输入 $x(n)$ 是以 N 为周期的周期序列，试证明其输出 $y(n)$ 也是以 N 为周期的周期序列。

【证明】

$$y(n) = h(n) * x(n) = \sum_{m=-\infty}^{\infty} h(m)x(n-m)$$

$$y(n+kN) = \sum_{m=-\infty}^{\infty} h(m)x(n+kN-m) \quad (k \text{ 为整数})$$

因为 $x(n)$ 以 N 为周期，所以

$$x(n+kN-m) = x(n-m)$$

$$y(k+kN) = \sum_{m=-\infty}^{\infty} h(m)x(n-m) = y(n)$$

即 $y(n)$ 也是周期序列，且周期为 N。

3. $x(n)$ 为一有限长序列且

$$x(n) = \{2,1,\underset{\substack{\uparrow \\ n=0}}{-1},0,3,2,0,-3,-4\}$$

不计算 $x(n)$ 的 DTFT $X(j\omega)$，试直接确定下列表达式的值。

(1) $X(j0)$ (2) $X(j\pi)$ (3) $\displaystyle\int_{-\pi}^{\pi} X(j\omega)\,\mathrm{d}\omega$

(4) $\displaystyle\int_{-\pi}^{\pi} |X(j\omega)|^2\,\mathrm{d}\omega$ (5) $\displaystyle\int_{-\pi}^{\pi} \left|\frac{\mathrm{d}X(j\omega)}{\mathrm{d}\omega}\right|^2\,\mathrm{d}\omega$

【解】 (1) $X(j0) = \displaystyle\sum_{n=-2}^{6} x(n) = 0$

(2) $X(j\pi) = \displaystyle\sum_{n=-2}^{6} (-1)^n x(n) = 0$

(3) $\displaystyle\int_{-\pi}^{\pi} X(j\omega)\,\mathrm{d}\omega = 2\pi x(0) = -2\pi$

(4) $\displaystyle\int_{-\pi}^{\pi} |X(j\omega)|^2\,\mathrm{d}\omega = 2\pi \sum_{n=-2}^{6} |x(n)|^2 = 88\pi$

(5) $\displaystyle\int_{-\pi}^{\pi} \left|\frac{\mathrm{d}X(j\omega)}{\mathrm{d}\omega}\right|^2\,\mathrm{d}\omega = 2\pi \sum_{n=-2}^{6} n^2 x^2(n) = 1\,780\pi$

4. 用解析法计算下面两个序列的卷积和 $y(n) = x(n) * h(n)$：

$$h(n) = \begin{cases} a^n & (0 \leqslant n \leqslant N-1) \\ 0 & (n \text{ 为其他值}) \end{cases}$$

$$x(n) = \begin{cases} \beta^{n-n_0} & (n_0 \leqslant n) \\ 0 & (n < n_0) \end{cases}$$

【解】

$$y(n) = \sum_{m=-\infty}^{\infty} x(m)h(n-m) = \sum_{m=-\infty}^{\infty} h(m)x(n-m)$$

(1) 当 $n < n_0$ 时，$y(n) = 0$。

(2) 当 $n_0 \leqslant n \leqslant n_0 + N - 1$ 时，两序列部分重叠，因而

$$y(n) = \sum_{m=n_0}^{n} x(m)h(n-m)$$

$$= \sum_{m=n_0}^{n} \beta^{m-n_0} \alpha^{n-m} = \frac{\alpha^n}{\beta^{n_0}} \sum_{m=n_0}^{n} \left(\frac{\beta}{\alpha}\right)^m$$

$$= \alpha^n \beta^{-n_0} \frac{\left(\dfrac{\beta}{\alpha}\right)^{n_0} - \left(\dfrac{\beta}{\alpha}\right)^{n+1}}{1 - \dfrac{\beta}{\alpha}}$$

$$= \frac{\alpha^{n+1-n_0} - \beta^{n+1-n_0}}{\alpha - \beta} \quad (\alpha \neq \beta)$$

(3) 当 $n \geqslant n_0 + N - 1$ 时，两序列全重叠，因而

$$y(n) = \sum_{m=n+1-N}^{n} x(m)h(n-m)$$

$$= \sum_{m=n-N+1}^{n} \beta^{m-n_0} \alpha^{n-m} = \frac{\alpha^n}{\beta^{n_0}} \sum_{m=n-N+1}^{n} \left(\frac{\beta}{\alpha}\right)^m$$

$$= \alpha^n \beta^{-n_0} \frac{\left(\dfrac{\beta}{\alpha}\right)^{n-N+1} - \left(\dfrac{\beta}{\alpha}\right)^{n+1}}{1 - \dfrac{\beta}{\alpha}}$$

$$= \beta^{n-N+1-n_0} \frac{\alpha^N - \beta^N}{\alpha - \beta} \quad (\alpha \neq \beta)$$

$$y(n) = N\alpha^{n-n_0} \quad (\alpha = \beta)$$

5. 已知 $h(n) = a^{-n}u(-n-1)(0 < a < 1)$，通过直接计算卷积和的方法，试确定单位冲激响应为 $h(n)$ 的线性移不变系统的单位阶跃响应。

【解】　由题意和卷积和公式已知：

$$x(n) = u(n)$$

$$h(n) = a^{-n}u(-n-1) \quad (0 < a < 1)$$

$$y(n) = x(n) * h(n)$$

可得

$$y(n) = \sum_{m=-\infty}^{n} a^{-m} = \frac{a^{-n}}{1-a} \quad (n \leqslant -1)$$

$$y(n) = \sum_{m=-\infty}^{-1} a^{-m} = \frac{a}{1-a} \quad (n > -1)$$

6. 设有一系统，其输入输出关系由以下差分方程确定：

$$y(n) - \frac{1}{2}y(n-1) = x(n) + \frac{1}{2}x(n-1)$$

设该系统是因果性的。

(1) 求该系统的单位冲激响应；

(2) 由(1)的结果，利用卷积和求输入 $x(n) = e^{j\omega n} u(n)$ 时系统的响应。

【解】 (1)

$$x(n) = \delta(n)$$

因为

$$y(n) = h(n) = 0 \quad (n < 0)$$

所以

$$h(0) = \frac{1}{2}y(-1) + x(0) + \frac{1}{2}x(-1) = 1$$

$$h(1) = \frac{1}{2}y(0) + x(1) + \frac{1}{2}x(0) = 1$$

$$h(2) = \frac{1}{2}y(1) + x(2) + \frac{1}{2}x(1) = \frac{1}{2}$$

$$h(3) = \frac{1}{2}y(2) + x(3) + \frac{1}{2}x(2) = \left(\frac{1}{2}\right)^2$$

$$\vdots$$

可以推出

$$h(n) = \frac{1}{2}y(n-1) + x(n) + \frac{1}{2}x(n-1) = \left(\frac{1}{2}\right)^{n-1}$$

即

$$h(n) = \left(\frac{1}{2}\right)^{n-1} u(n-1) + \delta(n)$$

$$(2)\, y(n) = x(n) * h(n) = \left[\left(\frac{1}{2}\right)^{n-1} u(n-1) + \delta(n)\right] * e^{j\omega n} u(n)$$

$$= \left[\left(\frac{1}{2}\right)^{n-1} u(n-1)\right] * e^{j\omega n} u(n) + e^{j\omega n} u(n)$$

$$= \sum_{m=1}^{n} \left(\frac{1}{2}\right)^{m-1} e^{j\omega(n-m)} u(n-1) + e^{j\omega n} u(n)$$

$$= \frac{e^{j\omega n} - \left(\frac{1}{2}\right)^n}{e^{j\omega} - \frac{1}{2}} u(n-1) + e^{j\omega n} u(n)$$

7.已知一个线性移不变系统的单位冲激响应 $h(n)$ 在区间 $N_0 \leqslant n \leqslant N_1$ 之外全为零；又已知输入 $x(n)$ 在区间 $N_2 \leqslant n \leqslant N_3$ 之外皆为零。设输出 $y(n)$ 除区间 $N_4 \leqslant n \leqslant N_5$ 之外

全为零,试以 N_0、N_1、N_2、N_3 表示 N_4 和 N_5。

【解】　按照题意,对于

$$y(n) = \sum_{m=-\infty}^{+\infty} x(m)h(n-m)$$

$x(m)$ 的非零区间为

$$N_2 \leqslant m \leqslant N_3$$

$h(n-m)$ 的非零区间为

$$N_0 \leqslant n-m \leqslant N_1$$

将以上两个不等式相加,可得

$$N_0 + N_2 \leqslant n \leqslant N_1 + N_3$$

在此区间之外,$x(m)$ 和 $h(n-m)$ 的非零值互不重叠,故输出皆为零。由于本题已知输出在区间 $N_4 \leqslant n \leqslant N_5$ 之外全为零,因此有

$$N_4 = N_0 + N_2, \quad N_5 = N_1 + N_3$$

8.已知 $x(n)$ 的傅里叶变换为 $X(j\omega)$,用 $X(j\omega)$ 表示下列信号的傅里叶变换:

(1) $x_1(n) = x(1-n) + x(-1-n)$

(2) $x_2(n) = \dfrac{x^*(-n) + x(n)}{2}$

(3) $x_3(n) = (n-1)^2 x(n)$

【解】　(1)　因为 $\mathrm{FT}[x(n)] = X(j\omega)$,$\mathrm{FT}[x(-n)] = X(-j\omega)$,所以

$$\mathrm{FT}[x(1-n)] = \mathrm{e}^{-j\omega} X(-j\omega)$$

$$\mathrm{FT}[x(-1-n)] = \mathrm{e}^{j\omega} X(-j\omega)$$

即

$$\mathrm{FT}[x_1(n)] = X(-j\omega)(\mathrm{e}^{j\omega} + \mathrm{e}^{-j\omega}) = 2X(-j\omega)\cos\omega$$

(2) 因为 $\mathrm{FT}[x^*(-n)] = X^*(j\omega)$,所以

$$\mathrm{FT}[x_2(n)] = \frac{X^*(j\omega) + X(j\omega)}{2} = \mathrm{Re}[X(j\omega)]$$

(3) 因为 $X(j\omega) = \sum_{n=-\infty}^{\infty} x(n)\mathrm{e}^{-j\omega n}$,所以

$$\frac{\mathrm{d}X(j\omega)}{\mathrm{d}\omega} = \sum_{n=-\infty}^{\infty} (-jn)x(n)\mathrm{e}^{-j\omega n}$$

即

$$\mathrm{FT}[nx(n)] = j\frac{\mathrm{d}X(j\omega)}{\mathrm{d}\omega}$$

同理

$$\mathrm{FT}[n^2 x(n)] = -\frac{\mathrm{d}^2 X(\mathrm{j}\omega)}{\mathrm{d}\omega^2}$$

而

$$x_3(n) = n^2 x(n) - 2n x(n) + x(n)$$

所以

$$\mathrm{FT}[x_3(n)] = -\frac{\mathrm{d}^2 X(\mathrm{j}\omega)}{\mathrm{d}\omega^2} - 2\mathrm{j}\,\frac{\mathrm{d}X(\mathrm{j}\omega)}{\mathrm{d}\omega} + X(\mathrm{j}\omega)$$

9. 研究偶对称序列傅里叶变换的特点。

（1）令 $x(n) = 1, n = -N, \cdots, 0, \cdots, N$，求 $X(\mathrm{j}\omega)$；

（2）令 $x_1(n) = 1, n = 0, 1, \cdots, N$，求 $X_1(\mathrm{j}\omega)$；

（3）令 $x_2(n) = 1, n = -N, -N+1, \cdots, -1$，求 $X_2(\mathrm{j}\omega)$；

（4）显然，$x(n) = x_1(n) + x_2(n)$，试分析 $X(\mathrm{j}\omega)$ 与求 $X_1(\mathrm{j}\omega)$、$X_2(\mathrm{j}\omega)$ 有何关系。

【解】 （1）由 $x(n) = 1, n = -N, \cdots, 0, \cdots, N$，得

$$
\begin{aligned}
X(\mathrm{j}\omega) &= \sum_{n=-N}^{N} \mathrm{e}^{-\mathrm{j}\omega n} = \sum_{n=0}^{N} \mathrm{e}^{-\mathrm{j}\omega n} + \sum_{n=-N}^{-1} \mathrm{e}^{-\mathrm{j}\omega n} \\
&= \frac{1 - \mathrm{e}^{-\mathrm{j}\omega(N+1)}}{1 - \mathrm{e}^{-\mathrm{j}\omega}} + \frac{1 - \mathrm{e}^{\mathrm{j}\omega(N+1)}}{1 - \mathrm{e}^{-\mathrm{j}\omega}} - 1 \\
&= \frac{1 - \cos\omega - \cos\omega(N+1) + \cos\omega N}{1 - \cos\omega} - 1 \\
&= \frac{\cos\omega N - \cos\omega(N+1)}{1 - \cos\omega} \quad\quad (\text{附}1)
\end{aligned}
$$

由于 $x(n)$ 是实的且是偶对称的序列，对称中心在 $n=0$ 处，因此其傅里叶变换始终是频率 ω 的实函数。

（2）对 $x_1(n) = 1, n = 0, 1, \cdots, N$，求得

$$
\begin{aligned}
X_1(\mathrm{j}\omega) &= \sum_{n=0}^{N} \mathrm{e}^{-\mathrm{j}\omega n} = \frac{1 - \mathrm{e}^{-\mathrm{j}\omega(N+1)}}{1 - \mathrm{e}^{-\mathrm{j}\omega}} = \frac{\mathrm{e}^{-\mathrm{j}\frac{N+1}{2}\omega}}{\mathrm{e}^{-\mathrm{j}\frac{1}{2}\omega}}\,\frac{\mathrm{e}^{\mathrm{j}\frac{N+1}{2}\omega} - \mathrm{e}^{-\mathrm{j}\frac{N+1}{2}\omega}}{\mathrm{e}^{\mathrm{j}\frac{1}{2}\omega} - \mathrm{e}^{-\mathrm{j}\frac{1}{2}\omega}} \\
&= \mathrm{e}^{-\mathrm{j}\omega\frac{N}{2}}\,\frac{\sin[(N+1)\omega/2]}{\sin(\omega/2)} \quad\quad (\text{附}2)
\end{aligned}
$$

由于 $x_1(n)$ 的对称中心在 $N/2$ 处，因此其傅里叶变换有了相位延迟 $\mathrm{e}^{-\mathrm{j}\omega\frac{N}{2}}$，因此，它是复函数。

（3）对 $x_2(n) = 1, n = -N, -N+1, \cdots, -1$，求得

$$
\begin{aligned}
X_2(\mathrm{j}\omega) &= \sum_{n=-N}^{-1} \mathrm{e}^{-\mathrm{j}\omega n} = \sum_{n=0}^{N} \mathrm{e}^{\mathrm{j}\omega n} - 1 = \frac{1 - \mathrm{e}^{\mathrm{j}\omega(N+1)}}{1 - \mathrm{e}^{\mathrm{j}\omega}} - 1 \\
&= \frac{\mathrm{e}^{\mathrm{j}\frac{N+1}{2}\omega}}{\mathrm{e}^{\mathrm{j}\frac{1}{2}\omega}}\,\frac{\mathrm{e}^{-\mathrm{j}\frac{N+1}{2}\omega} - \mathrm{e}^{\mathrm{j}\frac{N+1}{2}\omega}}{\mathrm{e}^{-\mathrm{j}\frac{1}{2}\omega} - \mathrm{e}^{\mathrm{j}\frac{1}{2}\omega}} - 1
\end{aligned}
$$

$$= e^{j\omega \frac{N}{2}} \frac{\sin[(N+1)\omega/2]}{\sin(\omega/2)} - 1 \qquad (\text{附 }3)$$

同理,$x_2(n)$ 的傅里叶变换也是复函数。

(4) 由该题的式(附1)、式(附2)及式(附3),很容易发现 $X_1(j\omega) + X_2(j\omega) = X(j\omega)$。这一结论是显而易见的,因为 $x(n) = x_1(n) + x_2(n)$,而傅里叶变换又具有线性性质。

10. 已知离散序列

$$x(n) = \frac{\sin \omega_c n}{\pi n} \quad (n = -\infty \sim +\infty)$$

求该序列的能量。

【解】 直接计算本题 $x(n)$ 的能量有困难,但是,$x(n)$ 的频谱有如下非常简单的形式,即 $X(j\omega) = 1$,$|\omega| < \omega_c$,所以

$$E = \sum_{n=-\infty}^{\infty} |x(n)|^2 = \frac{1}{2\pi}\int_{-\pi}^{\pi} |X(j\omega)|^2 d\omega = \frac{1}{2\pi}\int_{-\omega_c}^{\omega_c} d\omega = \frac{\omega_c}{\pi}$$

11. 设序列 $x(n)$ 的傅里叶变换为 $X(j\omega)$,求下列序列的傅里叶变换。

(1)$x^*(n)$　　　(2)$\text{Re}[x(n)]$　　　(3)$g(n) = x(2n)$

(4)$g(n) = \begin{cases} x(n/2) & (n \text{ 为偶数}) \\ 0 & (n \text{ 为奇数}) \end{cases}$

【解】 由傅里叶变换对的定义

$$X(j\omega) = \sum_{n=-\infty}^{\infty} x(n) e^{-j\omega n}$$

$$x(n) = \frac{1}{2\pi}\int_{-\pi}^{\pi} X(e^{j\omega}) e^{-j\omega n} d\omega$$

可以得到

(1) $\displaystyle\sum_{n=-\infty}^{\infty} x^*(n) e^{j\omega n} = \left(\sum_{n=-\infty}^{\infty} x(n) e^{-j\omega n}\right)^* = X^*(-j\omega)$

(2) 因为

$$\text{Re}[x(n)] = \frac{1}{2}(x(n) + x^*(n))$$

故

$$\sum_{n=-\infty}^{\infty} \text{Re}[x(n)] e^{-j\omega n} = \frac{1}{2}(X(j\omega) + X^*(-j\omega)) = X_e(j\omega)$$

其中,$X_e(j\omega)$ 表示 $X(j\omega)$ 的共轭对称部分。

(3)$g(n) = x(2n)$,其傅里叶变换为

$$G(j\omega) = \sum_{n=-\infty}^{\infty} x(2n) e^{-j\omega n} \xrightarrow{\ n' = 2n\ } \sum_{\substack{n' \text{ 为偶数} \\ n' = -\infty}}^{+\infty} x(n') e^{-j\omega n'/2}$$

$$\xrightarrow{\text{用 } n \text{ 代替 } n'} \sum_{n=-\infty}^{\infty} \frac{1}{2} [x(n) + (-1)^n x(n)] e^{-j\omega n/2}$$

$$= \frac{1}{2} \sum_{n=-\infty}^{\infty} x(n) e^{-j\omega n/2} + \frac{1}{2} \sum_{n=-\infty}^{\infty} e^{\pm j\pi n} x(n) e^{-j\omega n/2}$$

$$= \frac{1}{2} X\left(j\frac{\omega}{2}\right) + \frac{1}{2} \times \left[j\left(\frac{\omega}{2} \mp \pi\right)\right]$$

(4)

$$G(j\omega) = \sum_{n=-\infty}^{\infty} x(n/2) e^{-j\omega n} \xrightarrow{m = \frac{n}{2}} \sum_{m=-\infty}^{\infty} x(m) e^{-2j\omega m} = X(j2\omega)$$

12. 设序列 $x(n)$ 的傅里叶变换为 $X(j\omega)$，试利用 $x(n)$ 求出下列函数对应的序列。

(1) $X[j(\omega - \omega_0)]$ (2) $\text{Re}[X(j\omega)]$ (3) $\text{Im}[X(j\omega)]$

【解】 (1) 解法一（利用反变换定义式）：

设

$$x_1(n) = \frac{1}{2\pi} \int_{-\pi}^{\pi} X[j(\omega - \omega_0)] e^{j\omega n} \, d\omega$$

由于

$$x(n) = \frac{1}{2\pi} \int_{-\pi}^{\pi} X(j\omega) e^{j\omega n} \, d\omega$$

令 $\omega' = \omega - \omega_0$，则有

$$x_1(n) = \left(\frac{1}{2\pi} \int_{-\pi}^{\pi} X(j\omega') e^{j\omega_0 n} e^{j\omega' n} \, d\omega'\right) = e^{j\omega_0 n} \frac{1}{2\pi} \int_{-\pi}^{\pi} X(j\omega') e^{j\omega' n} \, d\omega' = e^{j\omega_0 n} x(n)$$

所以，$X[j(\omega - \omega_0)]$ 对应的序列是 $e^{j\omega_0 n} x(n)$。

解法二（利用正变换定义式）：

$$X(j\omega) = \sum_{n=-\infty}^{\infty} x(n) e^{-j\omega n}$$

则

$$X[j(\omega - \omega_0)] = \sum_{n=-\infty}^{\infty} x(n) e^{-j(\omega - \omega_0)n} = \sum_{n=-\infty}^{\infty} [e^{j\omega_0 n} x(n)] e^{-j\omega n}$$

所以，$X[j(\omega - \omega_0)]$ 对应的序列是 $e^{j\omega_0 n} x(n)$。

(2) 由于

$$\text{Re}[X(j\omega)] = \frac{1}{2} [X(j\omega) + X^*(j\omega)]$$

$$= \frac{1}{2} \left(\sum_{n=-\infty}^{\infty} x(n) e^{-j\omega n} + \sum_{n=-\infty}^{\infty} x^*(n) e^{j\omega n}\right)$$

$$= \frac{1}{2} \left(\sum_{n=-\infty}^{\infty} x(n) e^{-j\omega n} + \sum_{n=-\infty}^{\infty} x^*(-n) e^{-j\omega n}\right)$$

$$= \frac{1}{2} \sum_{n=-\infty}^{\infty} [x(n) + x^*(-n)] e^{-j\omega n}$$

$$= \sum_{n=-\infty}^{\infty} x_e(n) e^{-j\omega n}$$

其中，$x_e(n) = \frac{1}{2}[x(n) + x^*(-n)]$ 是序列 $x(n)$ 的偶对称部分。

所以，$\mathrm{Re}[X(j\omega)]$ 对应的序列为 $x_e(n)$。

（3）因为

$$\mathrm{Im}[X(j\omega)] = -j\left[\frac{1}{2}X(j\omega) - \frac{1}{2}X^*(j\omega)\right]$$

$$= \frac{-j}{2}\left(\sum_{n=-\infty}^{\infty} x(n) e^{-j\omega n} - \sum_{n=-\infty}^{\infty} x^*(-n) e^{j\omega n}\right)$$

$$= \frac{-j}{2}\left(\sum_{n=-\infty}^{\infty} x(n) e^{-j\omega n} - \sum_{n=-\infty}^{\infty} x^*(-n) e^{-j\omega n}\right)$$

$$= \frac{-j}{2} \sum_{n=-\infty}^{\infty} [x(n) - x^*(-n)] e^{-j\omega n}$$

$$= -j \sum_{n=-\infty}^{\infty} x_o(n) e^{-j\omega n}$$

其中 $x_o(n) = \frac{1}{2}[x(n) - x^*(-n)]$ 是序列 $x(n)$ 的奇对称部分。

所以，$\mathrm{Im}[X(j\omega)]$ 对应的序列为 $-jx_o(n)$。

13. 过滤限带的模拟数据时，常采用数字滤波器，如附图 1 所示，图中 T_s 表示采样周期（假设 T_s 足够小，足以防止混叠效应），把从 $x(t)$ 到 $y(t)$ 的整个系统等效为一个模拟滤波器。

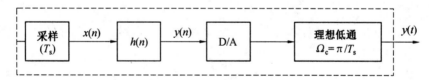

附图 1　题 13 图

（1）如果 $h(n)$ 截止于 $\pi/8$ rad，$1/T_s = 10$ kHz，求整个系统的截止频率。

（2）对于 $1/T_s = 20$ kHz，重复（1）的计算。

【解】　（1）因为当 $|\omega| \geqslant \pi/8$ rad 时 $H(j\omega) = 0$，在数 — 模变换中

$$Y(j\omega) = \frac{1}{T_s} X_a(j\Omega) = \frac{1}{T_s} X_a\left(\frac{j\omega}{T_s}\right)$$

所以，$h(n)$ 的截止频率 $\omega_c = \pi/8$ rad 对应于模拟信号的角频率 Ω_c 为

$$\Omega_c = \frac{\pi}{8} \cdot \frac{1}{T_s}$$

因此

$$f_c = \frac{\Omega_c}{2\pi} = \frac{1}{16T_s} = 625 \text{ Hz}$$

由于最后一级的低通滤波器的截止频率为 $\frac{\pi}{T_s}$，因此对 $\frac{\pi}{8T_s}$ 没有影响，故整个系统的截止频率由 $H(j\omega)$ 决定，是 625 Hz。

（2）采用同样的方法求得 $1/T_s = 20 \text{ kHz}$，整个系统的截止频率为

$$f_c = \frac{1}{16T_s} = 1\,250 \text{ Hz}$$

14. 试求如下序列的傅里叶变换：

（1）$x_1(n) = \delta(n-3)$

（2）$x_2(n) = \frac{1}{2}\delta(n+1) + \delta(n) + \frac{1}{2}\delta(n-1)$

（3）$x_3(n) = a^n u(n) \quad (0 < a < 1)$

（4）$x_4(n) = u(n+3) - u(n-4)$

【解】 （1）

$$X_1(j\omega) = \sum_{n=-\infty}^{\infty} \delta(n-3)e^{-j\omega n} = e^{-j3\omega}$$

（2）

$$X_2(j\omega) = \sum_{n=-\infty}^{\infty} x_2(n)e^{-j\omega n} = \frac{1}{2}e^{j\omega} + 1 + \frac{1}{2}e^{-j\omega}$$

$$= 1 + 2(e^{j\omega} + e^{-j\omega}) = 1 + \cos\omega$$

（3）

$$X_3(j\omega) = \sum_{n=-\infty}^{\infty} a^n u(n)e^{-j\omega n} = \sum_{n=0}^{\infty} a^n e^{-j\omega n} = \frac{1}{1 - ae^{-j\omega}}$$

（4）

$$X_4(j\omega) = \sum_{n=-\infty}^{\infty} [u(n+3) - u(n-4)]e^{-j\omega n}$$

$$= \sum_{n=-3}^{3} e^{-j\omega n} = \sum_{n=0}^{3} e^{-j\omega n} + \sum_{n=-1}^{-3} e^{-j\omega n}$$

$$= \sum_{n=0}^{3} e^{-j\omega n} + \sum_{n=1}^{3} e^{j\omega n} = \frac{1 - e^{j4\omega}}{1 - e^{-j\omega}} + \frac{1 - e^{j3\omega}}{1 - e^{-j\omega}}e^{j\omega}$$

$$= \frac{1 - e^{j4\omega}}{1 - e^{-j\omega}} - \frac{1 - e^{j3\omega}}{1 - e^{-j\omega}} = \frac{e^{j3\omega} - e^{-j4\omega}}{1 - e^{-j\omega}} = \frac{1 - e^{-j7\omega}}{1 - e^{-j\omega}}e^{j3\omega}$$

$$= \frac{e^{-j\frac{7}{2}\omega}(e^{j\frac{7}{2}\omega} - e^{-j\frac{7}{2}\omega})}{e^{-j\frac{1}{2}\omega}(e^{j\frac{1}{2}\omega} - e^{-j\frac{1}{2}\omega})}e^{j3\omega} = \frac{\sin\frac{7}{2}\omega}{\sin\frac{1}{2}\omega}$$

或者
$$x_4(n) = u(n+3) - u(n-4) = R_7(n+3)$$

$$X_4(j\omega) = \sum_{n=-\infty}^{\infty} R_7(n+3) e^{-j\omega n}$$

$$FT[R_7(n)] = \sum_{n=0}^{6} e^{-j\omega n} = \frac{1-e^{-j7\omega}}{1-e^{-j\omega}}$$

$$X_4(j\omega) = \sum_{n=-\infty}^{\infty} R_7(n+3) e^{-j\omega n} = \frac{1-e^{-j7\omega}}{1-e^{-j\omega}} e^{j3\omega}$$

$$= \frac{e^{-j\frac{7}{2}\omega}(e^{j\frac{7}{2}\omega} - e^{-j\frac{7}{2}\omega})}{e^{-j\frac{1}{2}\omega}(e^{j\frac{1}{2}\omega} - e^{-j\frac{1}{2}\omega})} e^{j3\omega} = \frac{e^{-j\frac{1}{2}\omega}(e^{j\frac{7}{2}\omega} - e^{-j\frac{7}{2}\omega})}{e^{-j\frac{1}{2}\omega} e^{j\frac{1}{2}\omega}(e^{j\frac{1}{2}\omega} - e^{-j\frac{1}{2}\omega})} = \frac{\sin\frac{7}{2}\omega}{\sin\frac{1}{2}\omega}$$

15. 设：(1)$x(n)$是实、偶函数；(2)$x(n)$是实、奇函数。分别分析推导以上两种假设下，其$x(n)$的傅里叶变换的性质。

【解】　令

$$X(j\omega) = \sum_{n=-\infty}^{\infty} x(n) e^{-j\omega n}$$

(1)$x(n)$是实、偶函数。

$$X(j\omega) = \sum_{n=-\infty}^{\infty} x(n) e^{-j\omega n}$$

两边取共轭，得到

$$X^*(j\omega) = \sum_{n=-\infty}^{\infty} x(n) e^{j\omega n} = \sum_{n=-\infty}^{\infty} x(n) e^{-j(-\omega)n} = X(-j\omega)$$

因此

$$X(j\omega) = X^*(-j\omega)$$

该式说明$x(n)$是实序列，$X(e^{j\omega})$具有共轭对称性质。

$$X(j\omega) = \sum_{n=-\infty}^{\infty} x(n) e^{-j\omega n} = \sum_{n=-\infty}^{\infty} x(n)[\cos\omega n - j\sin\omega n]$$

由于$x(n)$是偶函数，$x(n)\sin\omega n$是奇函数，那么

$$\sum_{n=-\infty}^{\infty} x(n)\sin\omega n = 0$$

因此

$$X(j\omega) = \sum_{n=-\infty}^{\infty} x(n)\cos\omega n$$

该式说明$X(j\omega)$是实函数，且是ω的偶函数。

总结以上，$x(n)$是实、偶函数时，对应的傅里叶变换$X(j\omega)$是实、偶函数。

(2)$x(n)$是实、奇函数。

上面已推出，由于 $x(n)$ 是实序列，$X(j\omega)$ 具有共轭对称性质，即

$$X(j\omega) = X^*(-j\omega)$$

$$X(j\omega) = \sum_{n=-\infty}^{\infty} x(n)e^{-j\omega n} = \sum_{n=-\infty}^{\infty} x(n)[\cos \omega n - j\sin \omega n]$$

由于 $x(n)$ 是奇函数，上式中 $x(n)\cos \omega n$ 是奇函数，那么

$$\sum_{n=-\infty}^{\infty} x(n)\cos \omega n = 0$$

因此

$$X(j\omega) = j \sum_{n=-\infty}^{\infty} x(n)\sin \omega n$$

该式说明 $X(j\omega)$ 是纯虚数，且是 ω 的奇函数。

16. 设 $x(n) = a^n u(n)(0 < a < 1)$，分别求出其偶函数 $x_e(n)$ 和奇函数 $x_o(n)$ 的傅里叶变换。

【解】

$$X(j\omega) = \sum_{n=-\infty}^{\infty} x(n)e^{-j\omega n}$$

因为 $x_e(n)$ 的傅里叶变换对应 $X(j\omega)$ 的实部，$x_o(n)$ 的傅里叶变换对应 $X(j\omega)$ 的虚部乘以 j，因此

$$FT[x_e(n)] = Re[X(j\omega)] = Re\left[\frac{1}{1-ae^{-j\omega}}\right] = Re\left[\frac{1}{1-ae^{-j\omega}} \cdot \frac{1-ae^{j\omega}}{1-ae^{j\omega}}\right]$$

$$= \frac{1-a\cos \omega}{1+a^2-2a\cos \omega}$$

$$FT[x_o(n)] = jIm[X(j\omega)] = jIm\left[\frac{1}{1-ae^{-j\omega}}\right] = jIm\left[\frac{1}{1-ae^{-j\omega}} \cdot \frac{1-ae^{j\omega}}{1-ae^{j\omega}}\right]$$

$$= \frac{-a\sin \omega}{1+a^2-2a\cos \omega}$$

17. (1) 若序列 $h(n)$ 是实因果序列，其傅里叶变换的实部为：$H_R(j\omega) = 1 + \cos \omega$，求序列 $h(n)$ 及其傅里叶变换 $H(j\omega)$；

(2) 若序列 $h(n)$ 是实因果序列，$h(0) = 1$，其傅里叶变换的虚部为：$H_I(j\omega) = -\sin \omega$，求序列 $h(n)$ 及其傅里叶变换 $H(j\omega)$。

【解】 (1)

$$H_R(j\omega) = 1 + \cos \omega = 1 + \frac{1}{2}e^{j\omega} + \frac{1}{2}e^{-j\omega}$$

$$= FT[h_e(n)] = \sum_{n=-\infty}^{\infty} h_e(n)e^{-j\omega n}$$

$$h_e(n) = \begin{cases} \dfrac{1}{2} & (n=-1) \\ 1 & (n=0) \\ \dfrac{1}{2} & (n=1) \end{cases}$$

$$h(n) = \begin{cases} 0 & (n<0) \\ h_e(n) & (n=0) \\ 2h_e(n) & (n>0) \end{cases} = \begin{cases} 1 & (n=0) \\ 1 & (n=1) \\ 0 & (其他\ n) \end{cases}$$

$$H(j\omega) = \sum_{n=-\infty}^{\infty} h(n)e^{-j\omega n} = 1 + e^{-j\omega} = 2e^{-j\omega/2}\cos\frac{\omega}{2}$$

(2)

$$H_I(j\omega) = -\sin\omega = -\frac{1}{2j}(e^{j\omega} - e^{-j\omega})$$

$$FT[h_o(n)] = jH_I(e^{j\omega}) = -\frac{1}{2}(e^{j\omega} - e^{-j\omega}) = \sum_{n=-\infty}^{\infty} h_o(n)e^{-j\omega n}$$

$$h_o(n) = \begin{cases} -\dfrac{1}{2} & (n=-1) \\ 0 & (n=0) \\ \dfrac{1}{2} & (n=1) \end{cases}$$

$$h(n) = \begin{cases} 0 & (n<0) \\ h_o(n) & (n=0) \\ 2h_o(n) & (n>0) \end{cases} = \begin{cases} 1 & (n=0) \\ 1 & (n=1) \\ 0 & (其他\ n) \end{cases}$$

$$H(j\omega) = \sum_{n=-\infty}^{\infty} h(n)e^{-j\omega n} = 1 + e^{-j\omega} = 2e^{-j\omega/2}\cos\frac{\omega}{2}$$

18. 如果 $x_1(n)$ 和 $x_2(n)$ 是两个不同的稳定的实因果序列,求证:

$$\frac{1}{2\pi}\int_{-\pi}^{\pi} X_1(j\omega)X_2(j\omega)\,d\omega = \left[\frac{1}{2\pi}\int_{-\pi}^{\pi} X_1(j\omega)\,d\omega\right]\left[\frac{1}{2\pi}\int_{-\pi}^{\pi} X_2(j\omega)\,d\omega\right]$$

式中,$X_1(j\omega)$ 和 $X_2(j\omega)$ 分别表示为 $x_1(n)$ 和 $x_2(n)$ 的傅里叶变换。

【证明】

$$FT[x_1(n) * x_2(n)] = X_1(j\omega)X_2(j\omega)$$

对上式进行 IFT,得到

$$\frac{1}{2\pi}\int_{-\pi}^{\pi} X_1(j\omega)X_2(j\omega)\,d\omega = x_1(n) * x_2(n)$$

令 $n=0$,有

$$\frac{1}{2\pi}\int_{-\pi}^{\pi} X_1(j\omega)X_2(j\omega)\,d\omega = [x_1(n) * x_2(n)]\big|_{n=0} \qquad\qquad (附4)$$

由于 $x_1(n)$ 和 $x_2(n)$ 是实稳定因果序列,所以

$$[x_1(n) * x_2(n)]\mid_{n=0} = \sum_{m=0}^{n} x_1(m) x_2(n-m)\mid_{n=0} = x_1(0) x_2(0) \qquad (\text{附 } 5)$$

$$x_1(0) x_2(0) = \left[\frac{1}{2\pi}\int_{-\pi}^{\pi} X_1(j\omega) d\omega\right]\left[\frac{1}{2\pi}\int_{-\pi}^{\pi} X_2(j\omega) d\omega\right] \qquad (\text{附 } 6)$$

由式(附 4)、(附 5)和式(附 6),得到

$$\frac{1}{2\pi}\int_{-\pi}^{\pi} X_1(j\omega) X_2(j\omega) d\omega = \left[\frac{1}{2\pi}\int_{-\pi}^{\pi} X_1(j\omega) d\omega\right]\left[\frac{1}{2\pi}\int_{-\pi}^{\pi} X_2(j\omega) d\omega\right]$$

19. 设 $X(j\omega)$ 和 $Y(j\omega)$ 分别是 $x(n)$ 和 $y(n)$ 的傅里叶变换,试求下面序列的傅里叶变换。

(1)$x(n-n_0)$ (2)$x^*(n)$ (3)$x(-n)$

(4)$x(n) * y(n)$ (5)$x(n) \cdot y(n)$ (6)$nx(n)$

(7)$x^2(n)$ (8)$\cos(\omega_0 n) \cdot x(n)$ (9)$x(n) R_5(n)$

【解】

(1)$\mathrm{FT}[x(n-n_0)] = e^{-j\omega n_0} X(j\omega)$

(2)$\mathrm{FT}[x^*(n)] = X^*(-j\omega)$

(3)$\mathrm{FT}[x(-n)] = X(-j\omega)$

(4)$\mathrm{FT}[x(n) * y(n)] = X(j\omega) Y(j\omega)$

(5)$\mathrm{FT}[x(n) \cdot y(n)] = \frac{1}{2\pi} X(j\omega) * Y(j\omega)$

(6)$\mathrm{FT}[nx(n)] = j \dfrac{dX(j\omega)}{d\omega}$（由 Z 变换可推得）

(7)$\mathrm{FT}[x^2(n)] = \frac{1}{2\pi} X(j\omega) * X(j\omega)$

(8)$\mathrm{FT}[\cos(\omega_0 n) \cdot x(n)] = \frac{1}{2}[\delta(j(\omega + \omega_0)) + \delta(j(\omega - \omega_0))] * X(j\omega)$

$$= \frac{1}{2}[X(j(\omega + \omega_0)) + X(j(\omega - \omega_0))]$$

(9)$\mathrm{FT}[x(n) R_5(n)] = \dfrac{1}{2\pi} \cdot X(j\omega) * Z[R_5(n)]\mid_{z=e^{j\omega}}$

$$= \frac{1}{2\pi} \cdot X(j\omega) * \left[\sum_{n=0}^{4} z^{-n}\right]\Big|_{z=e^{j\omega}}$$

$$= \frac{1}{2\pi} \cdot X(j\omega) * \left[\frac{1-z^{-5}}{1-z^{-1}}\right]\Big|_{z=e^{j\omega}}$$

$$= \frac{1}{2\pi} \cdot X(j\omega) * \left[\frac{\sin\dfrac{5}{2}\omega}{\sin\dfrac{1}{2}\omega} e^{-j2\omega}\right]$$

20.设 $H(z)$ 为截止频率为 $\omega_c = \dfrac{\pi}{2}$ 的理想低通滤波器,试画出下列系统的幅频响应。

(1) $H_1(z) = H(-z)$　　　　　　(2) $H_2(z) = H(z^2)$

(3) $H_3(z) = H(z)H(z^2)$　　　　(4) $H_4(z) = H(z)H(-z^2)$

【解】　由 $H(e^{j\omega}) = H(z)\big|_{z=e^{j\omega}}$ 可知,对上述系统函数做相应变量代换,即可得到对应的系统频率响应,其幅频响应如附图 2 所示。

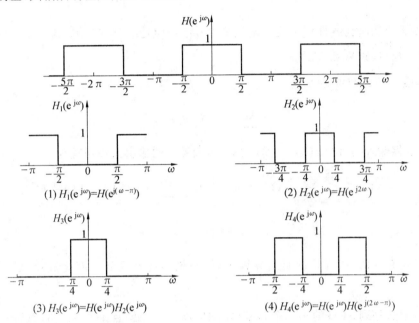

附图 2　题 20 图

21.已知两个离散系统的输入与输出关系如下:

$$y_1(n) = T[x(n)] = nx(n)$$

$$y_2(n) = T[x(n)] = x(k_0 n)$$

其中 k_0 为正整数。试分别判定两系统的非移变性,并分别简要说明两个系统所实现的功能。

【解】　根据条件可知,对于系统 $y_1(n)$ 有

$$T[x(n-k)] = nx(n-k)$$

$$y_1(n-k) = (n-k)x(n-k)$$

可知　　　　　　　　　　　$T[x(n-k)] \neq y_1(n-k)$

故该系统为移变系统,系统实现的是对输入信号的"线性加权"。

而对于系统 $y_2(n)$,有

$$T[x(n-k)] = x(k_0 n - k)$$

$$y_2(n-k) = x[k_0(n-k)]$$

可知
$$T[x(n-k)] \neq y_2(n-k)$$
故该系统为移变系统,由于 k_0 是正整数,系统实现的是对输入信号的"压缩",称之为"压缩器"系统。因此对于系统 $y_2(n)$,更详细的解释为 $T[x(n-k)]$ 实现的是先对输入信号进行平移,然后再进行压缩,而压缩时只针对变量 n 进行压缩,故 $T[x(n-k)] = x(k_0 n-k)$;而 $y_2(n-k)$ 是对输出信号进行平移,而平移也是针对变量 n 进行,因此 $y_2(n-k) = x[k_0(n-k)]$。

22. 如果离散时间线性移不变系统的单位冲激响应是绝对可和的,试证明该系统是有界输入有界输出(BIBO)稳定的。

【证明】 由已知可得
$$\sum_{n=-\infty}^{+\infty} |h(n)| < +\infty$$
当系统为有界输入时,设 $|x(n)| \leqslant M < +\infty$,则系统的输出大小可写为
$$|y(n)| \leqslant \sum_{n=-\infty}^{+\infty} |x(k)h(n-k)| = \sum_{n=-\infty}^{+\infty} |x(k)| \cdot |h(n-k)|$$
$$\leqslant M \sum_{n=-\infty}^{+\infty} |h(n-k)| < +\infty$$
可见,输出是有界的,即当系统是有界输入时,系统为有界输出。因此,系统是 BIBO 稳定的。

23. 有限长序列 $x(n)$ 的第一个非零值出现在 $n=-6$ 处,且 $x(-6)=3$;最后一个非零值出现在 $n=24$ 处,且 $x(24)=-4$。在卷积 $y(n)=x(n)*x(n)$ 中何处出现非零值的区间?且第一个和最后一个非零值各是多少?

【解】 在两个有限长序列卷积中,第一个非零值的坐标等于两个被卷积序列中第一个非零值的角标之和。

由题意可知,$x(-6)=3$,所以第一个非零值的坐标为 $n=-12$,且该非零值是 $y(-12)=x^2(-6)=9$。类似地,最后一个非零值的坐标是 $n=48$,且该非零值是 $y(48)=x^2(24)=16$。

24. 已知数字网络用下面的差分方程描述:
$$y(n)=0.64y(n-2)+x(n)$$
(1) 设输入信号 $x(n)=\delta(n)$,$y(-1)=0$,$y(-2)=1$,当 $n \leqslant 3$ 时 $y(n)=0$,求输出信号 $y(n)$;

(2) 求该网络的单位冲激响应 $h(n)$。

【解】 (1) 由递推法可得
$$n=0, \quad y(0)=0.64y(-2)+x(0)=1.64$$

$$n = 1, \quad y(1) = 0.64y(-1) = 0$$

$$n = 2, \quad y(2) = 0.64y(0) = 0.64 \times 1.64 = 0.8^2 \times 1.64$$

$$n = 3, \quad y(3) = 0.64y(1) = 0$$

$$n = 4, \quad y(4) = 0.64y(2) = 0.64^2 \times 1.64 = 0.8^4 \times 1.64$$

即

$$y(n) = \begin{cases} 1.64 \times 0.8^n & (n \text{ 取偶数}) \\ 0 & (n \text{ 取奇数}) \end{cases}$$

(2) 令 $x(n) = \delta(n), y(-1) = 0, y(-2) = 0$。由递推法，当 $n \leqslant -3$ 时，$y(n) = 0$。

$$n = 0, \quad y(0) = x(0) = 1$$

$$n = 1, \quad y(1) = 0.64y(-1) = 0$$

$$n = 2, \quad y(2) = 0.64y(0) = 0.8^2$$

$$n = 3, \quad y(3) = 0.64y(1) = 0$$

$$n = 4, \quad y(4) = 0.64y(2) = 0.8^4$$

即

$$h(n) = \begin{cases} 0.8^n & (n \text{ 取偶数}) \\ 0 & (n \text{ 取奇数}) \end{cases}$$

25. 求序列：

(1) $h[n] = \{-2+j5, 4-j3, 5+j6, 3+j, -7+j2\}$ 的共轭对称、共轭反对称部分；

(2) $h[n] = \{-2+j5, 4-j3, 5+j6, 3+j, -7+j2\}$ 的周期共轭对称、周期共轭反对称部分。

【解】　(1) 由于

$$h^*[-n] = \{-7-j2, 3-j, 5-j6, 4+j3, -2-j5\}$$

所以有

$$H_{cs}[n] = 0.5 * (h[n] + h^*[-n]) = \{-4.5+j1.5, 3.5-j2, 5, 3.5+j2, -4.5-j1.5\}$$

$$H_{ca}[n] = 0.5 * (h[n] - h^*[-n]) = \{2.5+j3.5, 0.5-j, +j, -0.5-j, -2.5+j3.5\}$$

(2) 根据周期共轭对称、周期共轭反对称定义可得其周期共轭对称、周期共轭反对称部分分别为

$$h^*[N-n] = \{-2-j5, -7-j2, 3-j, 5-j6, +4+j3\}$$

$$H_{pcs}[n] = 0.5 * (h[n] + h^*[N-n])$$

$$= \{-2, -1.5-j2.5, +4+j2.5, +4-j2.5, -1.5+j2.5\}$$

$$H_{pca}[n] = 0.5 * (h[n] - h^*[N-n])$$

$$= \{j5, +5.5-j0.5, +1+j3.5, -1+j3.5, -5.5-j0.5\}$$

26. 已知系统的输入序列为 $x(n)=R_4(n)$，系统的单位冲激响应为 $h(n)=a^n u(n)(0<a<1)$，求系统的输出序列 $y(n)$。

【解】 由已知直接计算系统的输出序列 $y(n)$：

$$y(n)=x(n)*h(n)=\sum_{m=-\infty}^{+\infty}R_4(m)a^{n-m}u(n-m) \quad (m\leqslant n,0\leqslant m\leqslant 3)$$

根据 n 的不同取值代入得

$$n<0, \qquad y(n)=0$$

$$0\leqslant n\leqslant 3, \quad y(n)=\sum_{m=0}^{n}a^{n-m}=a^n\frac{1-a^{-n-1}}{1-a^{-1}}$$

$$4\leqslant n, \qquad y(n)=\sum_{m=0}^{3}a^{n-m}=a^n\frac{1-a^{-4}}{1-a^{-1}}$$

或写成

$$y(n)=\begin{cases} 0 & (n<0) \\ a^n\dfrac{1-a^{-n-1}}{1-a^{-1}} & (0\leqslant n\leqslant 3) \\ a^n\dfrac{1-a^{-4}}{1-a^{-1}} & (n\geqslant 4) \end{cases}$$

27. 已知某系统的差分方程为

$$y(n)=2x(n)-4x(n-1)+x(n-3)$$

求输入为有限长序列 $g(n)=\{-3,2,4\}$ 时系统的输出。

【解】 由已知系统的差分方程可得

$$h(n)=\{2,-4,0,1\}$$

$$y(n)=g(n)*h(n)=\sum_{m=0}^{2}g(m)h(n-m) \quad (0\leqslant n\leqslant 5)$$

将 $n=0,1,\cdots,5$ 代入上式求得

$$y(0)=g(0)h(0)=-6$$

$$y(1)=g(0)h(1)+g(1)h(0)=16$$

$$y(2)=g(0)h(2)+g(1)h(1)+g(2)h(0)=0$$

$$y(3)=g(0)h(3)+g(1)h(2)+g(2)h(1)=-19$$

$$y(4)=g(1)h(3)+g(2)h(2)=2$$

$$y(5)=g(2)h(3)=4$$

由上可得输出为

$$y(n)=\{-6,16,0,19,2,4\}$$

28. 下式给出系统的输入与输出关系，判断它是线性还是非线性的，移不变还是移变的，

稳定还是不稳定的,因果的还是非因果的:

$$y(n) = x(n) + x(-n)$$

【解】 (1) 令对应输入 $x_1(n)$ 的输出为 $y_1(n)$,对应输入 $x_2(n)$ 的输出为 $y_2(n)$,对应输入 $x_1(n) + x_2(n)$ 的输出为 $y(n)$,则有

$$y_1(n) = x_1(n) + x_1(-n), \quad y_2(n) = x_2(n) + x_2(-n)$$

$$y(n) = x(n) + x(-n) = x_1(n) + x_2(n) + x_1(-n) + x_2(-n)$$
$$= [x_1(n) + x_1(-n)] + [x_2(n) + x_2(-n)] = y_1(n) + y_2(n)$$

所以此系统为线性系统。

(2) 设对应 $x(n)$ 的输出为 $y(n)$,对应输入 $x_1(n) = x(n - n_0)$ 的输出为 $y_1(n)$,则

$$y_1(n) = x_1(n) + x_1(-n) = x(n - n_0) + x(-n - n_0)$$

$$y(n) = x(n) + x(-n) \Rightarrow y(n - n_0) = x(n - n_0) + x[-(n - n_0)]$$

$$y(n - n_0) \neq y_1(n)$$

所以此系统为移变系统。

(3) 假设 $|x(n)| \leqslant B$,则有

$$|y(n)| = |x(n) + x(-n)| \leqslant |x(n)| + |x(-n)| \leqslant 2B$$

所以此系统为 BIBO 稳定系统。

(4) 此系统为非因果系统。

29. 若离散时间信号为 $2\cos(2\pi n/3)$,抽样率为 2 000 Hz,写出对应的模拟信号的表达式。

【解】 设对应的模拟信号为

$$x(t) = 2\cos 2\pi t$$

由抽样率为 2 000 Hz 得抽样周期为 1/2 000 s,即

$$x(n) = x(t)\big|_{t = nT_s} = 2\cos(2\pi f n T_s), \quad T_s = 1/2\ 000$$

由 $1/3 = f T_s$ 解出 $f = 2\ 000/3$ Hz,因此对应模拟信号的表达式为

$$x(t) = 2\cos(4\ 000\pi t/3)$$

30. 一个实系数的 3 阶 FIR 滤波器的频率响应为 $H(e^{j\omega}) = \sum_{n=0}^{3} h(n)e^{-j\omega n}$。已知 $H(e^{j0}) = 2$,$H(e^{j\frac{\pi}{2}}) = 7 - j3$,$H(e^{j\pi}) = 0$,求 $H(z)$。

【解】 由题意将各点代入 $H(e^{j\omega})$ 得

$$H(e^{j\omega}) = \sum_{n=0}^{3} h(n)e^{-j\omega n} = h(0) + h(1)e^{-j\omega} + h(2)e^{-j2\omega} + h(3)e^{-j3\omega}$$

$$= [h(0) + h(1)\cos\omega + h(2)\cos 2\omega + h(3)\cos 3\omega] -$$

$$j[h(1)\sin\omega + h(2)\sin 2\omega + h(3)\sin 3\omega]$$

$$H(e^{j0}) = 2 \Rightarrow h(0) + h(1) + h(2) + h(3) = 2$$

$$H(e^{j\pi}) = 0 \Rightarrow h(0) - h(1) + h(2) - h(3) = 0$$

$$H(e^{j\frac{\pi}{2}}) = 7 - j3 \Rightarrow \begin{cases} h(0) - h(2) = 7 \\ h(1) - h(3) = 7 \end{cases}$$

求得 $h(n)$ 为

$$h(n) = \{4, 2, -3, -1\}$$

根据 Z 变换定义得 $H(z)$ 为

$$H(z) = h(0) + h(1)z^{-1} + h(2)z^{-2} + h(3)z^{-3} = 4 + 2z^{-1} - 3z^{-2} - z^{-3}$$

附 2 Z 变换精选题解

1. 已知 $x(n)$ 的 Z 变换为下式,问 $X(z)$ 可能有多少种不同的收敛域,它们分别对应什么类型的序列?

$$X(z) = \frac{1 - \frac{1}{4}z^{-2}}{\left(1 + \frac{1}{4}z^{-2}\right)\left(1 + \frac{5}{4}z^{-1} + \frac{3}{8}z^{-2}\right)}$$

【解】 对 $X(z)$ 的分子和分母进行因式分解,得

$$X(z) = \frac{\left(1 - \frac{1}{2}z^{-1}\right)\left(1 + \frac{1}{2}z^{-1}\right)}{\left(1 + \frac{1}{4}z^{-2}\right)\left(1 + \frac{1}{2}z^{-1}\right)\left(1 + \frac{3}{4}z^{-1}\right)}$$

$$= \frac{\left(1 - \frac{1}{2}z^{-1}\right)}{\left(1 + \frac{1}{2}jz^{-1}\right)\left(1 - \frac{1}{2}jz^{-1}\right)\left(1 + \frac{3}{4}z^{-1}\right)}$$

由上式得出,$X(z)$ 的零点为 1/2,极点为 j/2,$-$j/2,$-$3/4。

所以 $X(z)$ 的收敛域为

(1)$1/2 < |z| < 3/4$,为双边序列,如附图 3(a) 所示。

(2)$|z| < 1/2$,为左边序列,如附图 3(b) 所示。

(3)$|z| > 3/4$,为右边序列,如附图 3(c) 所示。

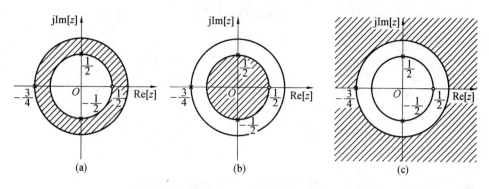

附图 3　题 1 图

2.有一右边序列 $x(n)$,其 Z 变换为

$$X(z) = \frac{1}{\left(1 - \frac{1}{2}z^{-1}\right)(1 - z^{-1})}$$

(1) 将上式做部分分式展开(用 z^{-1} 表示),由展开式求 $x(n)$;

(2) 将上式表示为 z 的多项式之比,再做部分分式展开,由展开式求 $x(n)$。

【解】　(1) 因为 $X(z) = \dfrac{-1}{1 - \dfrac{1}{2}z^{-1}} + \dfrac{2}{1 - z^{-1}}$,且 $x(n)$ 是右边序列,所以

$$x(n) = \left[2 - \left(\frac{1}{2}\right)^n\right]u(n)$$

(2)　　　　　　$X(z) = \dfrac{z^2}{\left(z - \dfrac{1}{2}\right)(z - 1)} = 1 + \dfrac{-\dfrac{1}{2}}{z - \dfrac{1}{2}} + \dfrac{2}{z - 1}$

则

$$x(n) = \delta(n) - \left(\frac{1}{2}\right)^n u(n-1) + 2u(n-1) = \left[2 - \left(\frac{1}{2}\right)^n\right]u(n)$$

3.对因果序列,初值定理为 $x(0) = \lim\limits_{z \to \infty} X(z)$,如果序列为 $n > 0$ 时 $x(n) = 0$,问相应的定理是什么? 讨论一个序列 $x(n)$,其 Z 变换为

$$X(z) = \frac{\dfrac{7}{12} - \dfrac{19}{24}z^{-1}}{1 - \dfrac{5}{2}z^{-1} + z^{-2}}$$

$X(z)$ 的收敛域包括单位圆,试求其 $x(0)$ 的值。

【解】　当序列满足 $n > 0, x(n) = 0$ 时,有

$$X(z) = \sum_{n=-\infty}^{0} x(n)z^{-n} = x(0) + x(-1)z + x(-2)z^2 + \cdots$$

所以有

$$\lim_{z\to 0}X(z)=x(0)$$

序列 $x(n)$ 的 Z 变换为

$$X(z)=\frac{\dfrac{7}{12}-\dfrac{19}{24}z^{-1}}{1-\dfrac{5}{2}z^{-1}+z^{-2}}=\frac{\dfrac{1}{4}z}{z-2}+\frac{\dfrac{1}{3}}{z-\dfrac{1}{2}}=X_1(z)+X_2(z)$$

所以 $X(z)$ 的极点为 $z_1=2,z_2=\dfrac{1}{2}$。

由题意可知，$X(z)$ 的收敛域包括单位圆，则其收敛域应该为

$$\frac{1}{2}<|z|<2$$

因而 $x_1(n)$ 为 $n\leqslant 0$ 时有值的左边序列，$x_2(n)$ 为 $n\geqslant 0$ 时有值的因果序列，则

$$x_1(0)=\lim_{z\to 0}X_1(z)=\lim_{z\to 0}\frac{\dfrac{1}{4}z}{z-2}=0$$

$$x_2(0)=\lim_{z\to +\infty}X_2(z)=\lim_{z\to +\infty}\frac{\dfrac{1}{3}z}{z-\dfrac{1}{2}}=0$$

得

$$x(0)=x_1(0)+x_2(0)=0$$

4. 利用 Z 变换的性质求下列序列 $x(n)$ 的 Z 变换 $X(z)$。

(1) $(-1)^n nu(n)$；

(2) $(n-1)^2 u(n-1)$；

(3) $(n+1)^2[n(n)-u(n-3)]*[u(n)-u(n-4)]$。

【解】 （1）解法一：

设 $x_1(n)=(-1)^n u(n)$，则

$$X_1(z)=\frac{z}{z+1}\quad(|z|>1)$$

因为

$$x(n)=nx_1(n)$$

故根据 z 域的微分性质，有

$$X(z)=-z\frac{\mathrm{d}}{\mathrm{d}z}X_1(z)=\frac{-z}{(z+1)^2}\quad(|z|>1)$$

解法二：

设 $x_1(n)=nu(n)$，则

$$X_1(z) = -z \frac{d}{dz}\left(\frac{z}{z-1}\right) = \frac{z}{(z-1)^2} \quad (|z| > 1)$$

因为

$$x(n) = (-1)^n x_1(n)$$

故由 Z 变换的尺度变换性质，有

$$X(z) = X_1\left(\frac{z}{-1}\right) = \frac{-z}{(-z-1)^2} = \frac{-z}{(z+1)^2} \quad (|z| > 1)$$

(2) 设 $x_1(n) = (n-1) \cdot u(n-1)$，则

$$X_1(z) = z^{-1} \frac{z}{(z-1)^2} = \frac{1}{(z-1)^2} \quad (|z| > 1)$$

因为

$$x_1(n) = (n-1) \cdot u(n-1)$$

故

$$X(z) = -z \frac{d}{dz} X_1(z) - X_1(z) = -z \frac{d}{dz}\left[\frac{1}{(z-1)^2}\right] - \frac{1}{(z-1)^2} = \frac{z+1}{(z-1)^2} \quad (|z| > 1)$$

(3) 设 $x_1(n) = (n+1)^2 [u(n) - u(n-3)], x_2(n) = u(n) - u(n-4)$，则

$$X_1(z) = \frac{z}{(z-1)^2} + \frac{z}{z-1} - \frac{3z-2}{z^2(z-1)^2} - \frac{1}{z^2(z-1)} = \frac{z^3 + z^2 - 1}{z^2(z-1)^2} \quad (|z| > 1)$$

$$X_2(z) = \frac{z}{z-1} - \frac{z^{-3}}{z-1} = \frac{z^4 - 1}{z^3(z-1)} = \frac{(z^2+1)(z+1)}{z^3} \quad (|z| > 1)$$

根据卷积定理有

$$X(z) = X_1(z) X_2(z) = \frac{(z^3 + z^2 - 1)(z^2 + 1)(z+1)}{z^3(z-1)} \quad (|z| > 1)$$

5. 序列 $x(n)$ 的自相关序列 $\phi(n)$ 定义为

$$\phi(n) = \sum_{k=-\infty}^{\infty} x(k) x(k+n)$$

试用序列 $x(n)$ 的 Z 变换表示 $\phi(n)$ 的 Z 变换。

【解】　解法一：因为

$$\phi(n) = \sum_{k=-\infty}^{\infty} x(k) x(k+n) = \sum_{k=-\infty}^{\infty} x(k) x(k-(-n)) = x(n) * x(-n)$$

由 Z 变换的卷积定理可得

$$Z[\phi(n)] = Z[x(n)] \cdot Z[x(-n)] = X(z) \cdot X(z^{-1})$$

解法二：

$$Z[\phi(n)] = \sum_{n=-\infty}^{\infty} \sum_{k=-\infty}^{\infty} x(k) x(k+n) z^{-n}$$

$$= \sum_{n=-\infty}^{\infty} \sum_{k=-\infty}^{\infty} x(k)z^k x(k+n)z^{-n-k}$$

$$= \sum_{k=-\infty}^{\infty} x(k)z^k \sum_{n=-\infty}^{\infty} x(k+n)z^{-n-k}$$

$$= X(z^{-1})X(z)$$

6. 已知

$$x(n) = \begin{cases} n & (0 \leqslant n \leqslant N) \\ 2N-n & (N+1 \leqslant n \leqslant 2N) \\ 0 & (n < 0, 2N < n) \end{cases}$$

求 $x(n)$ 的 Z 变换。

【解】 题中所给 $x(n)$ 为一三角序列,可以看作两个相同的矩形序列的卷积。 设 $y(n) = R_N(n) * R_N(n)$,则

$$y(n) = R_N(n) * R_N(n) = \begin{cases} 0 & (n < 0, 2N \leqslant n) \\ n+1 & (0 \leqslant n \leqslant N-1) \\ 2N-(n+1) & (N \leqslant n \leqslant 2N-1) \end{cases}$$

比较本题中的 $x(n)$ 与上面的 $y(n)$ 的表达式可得到

$$y(n-1) = x(n)$$

所以

$$Y(z)z^{-1} = X(z)$$

$$Y(z) = Z[R_N(n)] \cdot Z[R_N(n)]$$

$$Z[R_N(n)] = \sum_{n=0}^{N-1} z^{-n} = \frac{1-z^{-N}}{1-z^{-1}} = \frac{z^N-1}{z^{N-1}(z-1)} \quad (0 < |z|)$$

故

$$X(z) = z^{-1} \frac{z^{N-1}-1}{z^{N-1}(z-1)} \cdot \frac{z^N-1}{z^{N-1}(z-1)} = \frac{1}{z^{2N-1}} \left(\frac{z^N-1}{z-1}\right)^2 \quad (0 < |z|)$$

7. 已知一个离散线性移不变系统的输入为 $x(n)$,输出为 $y(n)$,它满足 $y(n-1) - \frac{10}{3}y(n) + y(n+1) = x(n)$,并已知系统是稳定的。试求其单位冲激响应。

【解】 对给定的差分方程两边做 Z 变换,得

$$z^{-1}Y(z) - \frac{10}{3}Y(z) + zY(z) = X(z)$$

则

$$H(z) = \frac{Y(z)}{X(z)} = \frac{z}{(z-3)\left(z-\frac{1}{3}\right)}$$

可求得极点为

$$z_1 = 3, \quad z_2 = \frac{1}{3}$$

为了使系统稳定,收敛区域必须包括单位圆,故取 $1/3 < |z| < 3$,得到

$$h(n) = -\frac{3}{8}\left[3^n u(-n-1) + \left(\frac{1}{3}\right)^n u(n)\right]$$

8. 研究一个满足下列差分方程的线性移不变系统,该系统不限定为因果、稳定系统。根据系统函数的极点分布特点,试求系统单位冲激响应的三种可能情况。

$$y(n-1) - \frac{5}{2}y(n) + y(n+1) = x(n)$$

【解】 (1) 对此方程两端做 Z 变换,易得出系统函数的极点为 $z_1 = 2, z_2 = \frac{1}{2}$,可知当收敛区域为 $|z| > 2$ 时,则系统是非稳定的,但是因果的,其单位抽样响应为

$$h(n) = \frac{1}{z_1 - z_2}(z_1^n - z_2^n)u(n) = \frac{2}{3}(2^n - 2^{-n})u(n)$$

(2) 当收敛区域为 $\frac{1}{2} < |z| < 2$ 时,则系统稳定,但是非因果的,其单位抽样响应为

$$h(n) = \frac{1}{z_1 - z_2}[z_1^n u(-n-1) + z_2^n u(-n-1)]u(n) = -\frac{2}{3}\left[2^n u(-n-1) + \left(\frac{1}{2}\right)^n u(n)\right]$$

(3) 当收敛区域为 $|z| < \frac{1}{2}$ 时,则系统非稳定,又是非因果的,其单位抽样响应为

$$h(n) = \frac{1}{z_1 - z_2}[z_1^n u(-n-1) - z_2^n u(-n-1)]u(n) = -\frac{2}{3}(2^n - 2^{-n})u(-n-1)$$

9. 一个线性时不变因果系统由下面的差分方程描述

$$y(n) + \frac{1}{4}y(n-1) = x(n) + \frac{1}{2}x(n-1)$$

(1) 求系统函数 $H(z)$ 的收敛域;

(2) 求该系统的单位冲激响应;

(3) 求该系统的频率响应。

【解】 (1) 对差分方程两端进行 Z 变换,可以得到

$$Y(z) + \frac{1}{4}Y(z)z^{-1} = X(z) + \frac{1}{2}X(z)z^{-1}$$

则系统函数 $H(z)$ 为

$$H(z) = \frac{Y(z)}{X(z)} = \frac{1 + \frac{1}{2}z^{-1}}{1 + \frac{1}{4}z^{-1}}$$

所以其收敛域(ROC)为

$$\frac{1}{4} < |z| \leqslant \infty$$

（2）系统的单位取样响应是系统函数 $H(z)$ 的逆 Z 变换，由（1）结果知

$$H(z) = \frac{Y(z)}{X(z)} = \frac{1 + \frac{1}{2}z^{-1}}{1 + \frac{1}{4}z^{-1}} = \frac{1}{1 + \frac{1}{4}z^{-1}} + \frac{\frac{1}{2}z^{-1}}{1 + \frac{1}{4}z^{-1}}$$

又由于

$$u(n) \Leftrightarrow \frac{1}{1 + z^{-1}} \quad \text{ROC：} |z| > 1$$

$$a^n u(n) \Leftrightarrow \frac{1}{1 - az^{-1}} \quad \text{ROC：} |z| > a$$

因此

$$h(n) = \left(-\frac{1}{4}\right)^n u(n) + \frac{1}{2}\left(-\frac{1}{4}\right)^{n-1} u(n-1)$$

（3）系统的频率响应

$$H(j\omega) = H(z)\Big|_{z = e^{j\omega}} = \frac{1 + \frac{1}{2}e^{-j\omega}}{1 + \frac{1}{4}e^{-j\omega}}$$

10．已知系统函数 $H(z) = z(z^2 + 1)$。

（1）该系统是否是因果的，为什么？

（2）该系统是否是稳定的，为什么？

（3）求该系统的单位冲激响应 $h(n)$。

（4）求实现该系统的差分方程。

（5）该系统是否是线性的，为什么？

（6）该系统是否是移不变的，为什么？

【解】　（1）非因果的，因为 $\lim\limits_{z \to \infty} H(z) = z(z^2 + 1) \to \infty$，所以系统是非因果的。或者说因果系统的 $H(z)$ 中不会出现 z 的正幂。

（2）稳定的，因为该系统没有极点。

（3）$h(n) = \delta(n+3) + \delta(n+1)$

（4）$y(n) = x(n+3) + x(n+1)$

（5）是线性的，根据定义可以判定。

（6）是时不变的，同样由定义可判定。

11．序列 $x(n) = x_r(n) + jx_i(n)$，$x_r(n)$ 和 $x_i(n)$ 为实序列。$X(z) = Z[x(n)]$ 在单位圆下半部分为零。已知

$$x_r(n) = \begin{cases} \dfrac{1}{2} & (n=0) \\ -\dfrac{1}{4} & (n=\pm 2) \\ 0 & (其他) \end{cases}$$

求 $X(j\omega) = FT[x(n)]$ 的实部与虚部。

【解】　因为 $x_r(n)$ 为实序列,所以根据傅里叶变换的共轭对称性知道

$$X_e(j\omega) = FT[x_r(n)] = \frac{1}{2}[X(j\omega) + X^*(-j\omega)]$$

$$FT[x_r(n)] = \sum_{n=-\infty}^{\infty} x_r(n)e^{-j\omega n}$$
$$= \frac{1}{2} - \frac{1}{4}e^{-j2\omega} - \frac{1}{4}e^{j2\omega} = \frac{1}{2}(1-\cos 2\omega)$$

已知

$$X(j\omega) = 0 \quad (\pi \leqslant \omega \leqslant 2\pi)$$

所以

$$X(-j\omega) = X[j(2\pi-\omega)] = 0 \quad (0 \leqslant \omega \leqslant \pi)$$

当 $0 \leqslant \omega \leqslant \pi$ 时,

$$X_e(j\omega) = \frac{1}{2}[X(j\omega) + X^*(-j\omega)] = \frac{1}{2}X(j\omega)$$

$$X(j\omega) = 2X_e(j\omega) = 1 - \cos 2\omega$$

当 $\pi \leqslant \omega \leqslant 2\pi$ 时,$X(j\omega) = 0$,即

$$X(j\omega) = \begin{cases} 1 - \cos 2\omega & (0 \leqslant \omega \leqslant \pi) \\ 0 & (\pi \leqslant \omega \leqslant 2\pi) \end{cases}$$

故

$$Re[X(j\omega)] = X(j\omega)$$

$$Im[X(j\omega)] = 0$$

12.设确定性实序列 $x(n)$ 的自相关函数用下式表示:

$$r_{xx}(m) = \sum_{n=-\infty}^{\infty} x(n)x(n+m)$$

试用 $x(n)$ 的 Z 变换 $X(z)$ 和 $x(n)$ 的傅里叶变换 $X(j\omega)$ 分别表示自相关函数的 Z 变换 $R_{xx}(z)$ 和傅里叶变换 $R_{xx}(j\omega)$。

【解】　解法一:

$$r_{xx}(m) = \sum_{n=-\infty}^{\infty} x(n)x(n+m)$$

$$R_{xx}(z) = \sum_{m=-\infty}^{\infty} \sum_{n=-\infty}^{\infty} x(n)x(n+m)z^{-m} = \sum_{n=-\infty}^{\infty} x(n) \sum_{m=-\infty}^{\infty} x(n+m)z^{-m}$$

令 $m' = n+m$，则

$$R_{xx}(z) = \sum_{n=-\infty}^{\infty} x(n) \sum_{m'=-\infty}^{\infty} x(m')z^{-m'+n}$$

$$= \sum_{n=-\infty}^{\infty} x(n)z^{n} \sum_{m'=-\infty}^{\infty} x(m')z^{-m'} = X(z^{-1})X(z)$$

解法二：

$$r_{xx}(m) = \sum_{n=-\infty}^{\infty} x(n)x(n+m) = x(m) * x(-m)$$

$$R_{xx}(z) = X(z^{-1})X(z)$$

$$R_{xx}(e^{j\omega}) = R_{xx}(z)\mid_{z=e^{j\omega}} = X(j\omega)X(-j\omega)$$

因为 $x(n)$ 是实序列，$X(j\omega) = X^{*}(j\omega)$，所以 $R_{xx}(j\omega) = \mid X(j\omega)\mid^{2}$。

13.设线性时不变系统的系统函数 $H(z)$ 为

$$H(z) = \frac{1 - a^{-1}z^{-1}}{1 - az^{-1}} \quad (a\text{ 为实数})$$

(1) 在 z 平面上用几何法证明该系统是全通网络，即 $\mid H(j\omega)\mid =$ 常数；

(2) 参数 a 如何取值，才能使系统因果稳定？画出极、零点分布及收敛域。

【解】 (1)

$$H(z) = \frac{1 - a^{-1}z^{-1}}{1 - az^{-1}} = \frac{z - a^{-1}}{z - a}, \text{极点}:a, \text{零点}:a^{-1}$$

设 $a = 0.6$，极、零点分布图如附图 4(a) 所示。我们知道 $\mid H(j\omega)\mid$ 等于零点矢量的长度除以极点矢量的长度，按照附图 4(a) 得到

$$\mid H(j\omega)\mid = \left| \frac{z - a^{-1}}{z - a} \right|_{z=e^{j\omega}} = \left| \frac{e^{j\omega} - a^{-1}}{e^{j\omega} - a} \right| = \frac{AB}{AC}$$

因为角 ω 公用，$\dfrac{OA}{OC} = \dfrac{OB}{OA} = \dfrac{1}{a}$，且 $\triangle AOB \backsim \triangle AOC$，故 $\dfrac{AB}{AC} = \dfrac{1}{a}$。

又因为 $\mid H(j\omega)\mid = \dfrac{AB}{AC} = \dfrac{1}{a}$，故 $H(z)$ 是一个全通网络。

或者按照余弦定理证明：

$$AC = \sqrt{a^2 - 2a\cos\omega + 1}, \quad AB = \sqrt{a^{-2} - 2a^{-1}\cos\omega + 1}$$

$$\mid H(j\omega)\mid = \frac{AB}{AC} = \frac{a^{-1}\sqrt{1 - 2a\cos\omega + a^2}}{\sqrt{1 - 2a\cos\omega + a^2}} = \frac{1}{a}$$

(2) 只有选择 $\mid a\mid < 1$ 才能使系统因果稳定。设：$a = 0.6$，极、零点分布图即收敛域如附图 4(b) 所示。

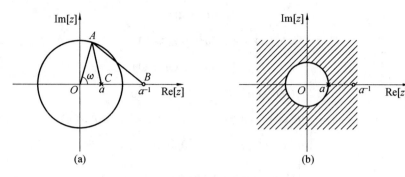

附图4 题13图

14. 若序列 $h(n)$ 是实因果序列,其傅里叶变换的实部如下式:

$$H_R(j\omega) = \frac{1 - a\cos\omega}{1 + a^2 - 2a\cos\omega} \quad (0 < a < 1)$$

求序列 $h(n)$ 及其傅里叶变换 $H(j\omega)$。

【解】

$$H_R(j\omega) = \frac{1 - a\cos\omega}{1 + a^2 - 2a\cos\omega} = \frac{1 - 0.5(e^{j\omega} + e^{-j\omega})}{1 + a^2 - a(e^{j\omega} + e^{-j\omega})}$$

$$H_R(z) = \frac{1 - 0.5a(z + z^{-1})}{1 + a^2 - a(z + z^{-1})} = \frac{1 - 0.5a(z + z^{-1})}{(1 - az^{-1})(1 - az)}$$

求上式的逆 Z 变换,得到序列 $h(n)$ 的共轭对称序列 $h_e(n)$。

$$h_e(n) = \frac{1}{2\pi j} \oint_C H_R(z) z^{n-1} dz$$

$$F(z) = H_R(z) z^{n-1} = \frac{0.5az^2 + z - 0.5a}{-a(z - a)(z - a^{-1})} z^{n-1}$$

因为 $h(n)$ 是因果序列,$h_e(n)$ 必定是双边序列,收敛域取:$a < |z| < a^{-1}$。

$n \geq 1$ 时,C 内有极点 a

$$h_e(n) = \text{Res}[F(z), a] = \frac{-0.5az^2 + z - 0.5a}{-a(z - a)(z - a^{-1})} z^{n-1} (z - a) \Big|_{z=a} = \frac{1}{2} a^n$$

$n = 0$ 时,C 内有极点 a 和 0

$$F(z) = H_R(z) z^{n-1} = \frac{-0.5az^2 + z - 0.5a}{-a(z - a)(z - a^{-1})} z^{-1}$$

所以

$$h_e(n) = \text{Res}[F(z), a] + \text{Res}[F(z), 0] = 1$$

又因为

$$h_e(n) = h_e(-n)$$

所以

$$h_e(n) = \begin{cases} 1 & (n=0) \\ 0.5a^n & (n>0) \\ 0.5a^{-n} & (n<0) \end{cases}$$

$$h(n) = \begin{cases} h_e(n) & (n=0) \\ 2h_e(n) & (n>0) \\ 0 & (n<0) \end{cases} = \begin{cases} 1 & (n=0) \\ a^n & (n>0) \\ 0 & (n<0) \end{cases} = a^n u(n)$$

$$H(j\omega) = \sum_{n=0}^{\infty} a^n e^{-j\omega n} = \frac{1}{1 - ae^{-j\omega}}$$

15. 若序列 $h(n)$ 是实因果序列，$h(0)=1$，其傅里叶变换的虚部为

$$H_{\mathrm{I}}(j\omega) = \frac{-a\sin\omega}{1 + a^2 - 2a\cos\omega} \quad (0 < a < 1)$$

求序列 $h(n)$ 及其傅里叶变换 $H(j\omega)$。

【解】

$$H_{\mathrm{I}}(j\omega) = \frac{-a\sin\omega}{1 + a^2 - 2a\cos\omega} = \frac{-a\frac{1}{2j}(e^{j\omega} - e^{-j\omega})}{1 + a^2 - a(e^{j\omega} + e^{-j\omega})}$$

令 $z = e^{j\omega}$

$$H_{\mathrm{I}}(z) = \frac{1}{2j} \cdot \frac{-a(z - z^{-1})}{1 + a^2 - a(z + z^{-1})} = \frac{1}{2j} \cdot \frac{-a(z - z^{-1})}{(1 - az^{-1})(1 - az)}$$

$jH_{\mathrm{I}}(j\omega)$ 对应 $h(n)$ 的共轭反对称序列 $h_o(n)$，因此 $jH_{\mathrm{I}}(z)$ 的反变换就是 $h_o(n)$。

$$h_o(n) = \frac{1}{2\pi j}\oint jH_{\mathrm{I}}(z)z^{n-1}dz$$

因为 $h(n)$ 是因果序列，$h_o(n)$ 是双边序列，收敛域取 $a < |z| < a^{-1}$，所以

$$F(z) = jH_{\mathrm{I}}(z)z^{n-1} = \frac{1}{2} \cdot \frac{z^2 - 1}{(z - a)(z - a^{-1})}z^{n-1}$$

$n \geqslant 1$ 时，C 内有极点 a

$$h_o(n) = \mathrm{Res}[F(z), a] = \frac{z^2 - 1}{2(z-a)(z-a^{-1})}z^{n-1}(z-a)\Big|_{z=a} = \frac{1}{2}a^n$$

$n = 0$ 时，C 内有极点 a 和 0

$$F(z) = jH_{\mathrm{I}}(z)z^{n-1} = \frac{1}{2} \cdot \frac{z^2 - 1}{(z-a)(z-a^{-1})}z^{-1}$$

$$h_o(n) = \mathrm{Res}[F(z), a] + \mathrm{Res}[F(z), 0] = 0$$

因为

$$h_o(n) = -h_o(-n)$$

所以

$$h_o(n) = \begin{cases} 1 & (n=0) \\ 0.5a^n & (n>0) \\ -0.5a^{-n} & (n<0) \end{cases}$$

$$h(n) = h_o(n)u_+(n) + h(0)\delta(n) = \begin{cases} 1 & (n=0) \\ a^n & (n>0) = a^n u(n) \\ 0 & (n<0) \end{cases}$$

$$H(j\omega) = \sum_{n=0}^{\infty} a^n e^{-j\omega n} = \frac{1}{1 - ae^{-j\omega}}$$

16.已知序列 $x(k)$ 的 Z 变换为

$$X(z) = \frac{1}{(1 - 0.5z^{-1})^2(1 + 2z^{-1})}$$

(1) 试确定 $X(z)$ 所有可能的收敛域；

(2) 求(1)中所有不同收敛域时 $X(z)$ 对应的 $x(k)$。

【解】　(1) 设

$$X(z) = \frac{A}{1 + 2z^{-1}} + \frac{B}{1 - 0.5z^{-2}} + \frac{C}{(1 - 0.5z^{-1})^2}$$

则

$$A = (1 + 2z^{-1})X(z)\big|_{z=-2} = 0.64, \quad C = (1 - 0.5z^{-1})^2 X(z)\big|_{x=0.5} = 0.2$$

$$B = \frac{1}{(-0.5)} \frac{d}{dz^{-1}}\left[(1 - 0.5z^{-1})^2 X(z)\right]\Big|_{z=0.5} = 0.16$$

所以

$$X(z) = \frac{0.64}{1 + 2z^{-1}} + \frac{0.16}{1 - 0.5z^{-1}} + \frac{0.2}{(1 - 0.5z^{-1})^2}$$

(2) $X(z)$ 的极点在 z 平面上划分出 3 个连通区域,每个连通区域对应于一种 $X(z)$ 的收敛域。3 种不同的收敛域及分别对应的序列如下：

$$|z| > 2, \quad x(k) = [0.64(-2)^k + 0.16(0.5)^k + 0.2(k+1)(0.5)^k]u(k)$$

$$0.5 < |z| < 2, \quad x(k) = 0.64(-2)^k u(-k-1) + $$
$$[0.16(0.5)^k + 0.2(k+1)(0.5)^k]u(k)$$

$$|z| < 0.5, \quad x(k) = [-0.64(-2)^k - 0.16(0.5)^k]u(-k-1) - $$
$$0.2(k+1)(0.5)^k u(-k-2)$$

17.线性移不变系统的输入为 $x(n) = u(n)$,输出为

$$y(n) = \left[4\left(\frac{1}{2}\right)^n - 3\left(-\frac{3}{4}\right)^n\right]u(n)$$

(1) 求系统的单位冲激响应；

（2）判断系统的稳定性和因果性，并说明理由。

【解】 （1）根据 $Z[a^n u(n)] = \dfrac{1}{1-az^{-1}}(a \leqslant 1)$，有

$$X(z) = Z[u(n)] = \frac{1}{1-z^{-1}}$$

$$Y(z) = 4 \cdot Z\left[\left(\frac{1}{2}\right)^n u(n)\right] - 3 \cdot Z\left[\left(-\frac{3}{4}\right)^n\right]$$

$$= 4 \times \frac{1}{1-\frac{1}{2}z^{-1}} - 3 \times \frac{1}{1+\frac{3}{4}z^{-1}}$$

$$= \frac{1 + \frac{9}{2}z^{-1}}{\left(1-\frac{1}{2}z^{-1}\right)\left(1+\frac{3}{4}z^{-1}\right)}$$

故有

$$H(z) = \frac{Y(z)}{X(z)} = \frac{\left(1+\frac{9}{2}z^{-1}\right)(1-z^{-1})}{\left(1-\frac{1}{2}z^{-1}\right)\left(1+\frac{3}{4}z^{-1}\right)}$$

$$= 12 + \frac{-11 + \frac{1}{2}z^{-1}}{\left(1-\frac{1}{2}z^{-1}\right)\left(1+\frac{3}{4}z^{-1}\right)} = 12 - \frac{4}{1-\frac{1}{2}z^{-1}} - \frac{7}{1+\frac{3}{4}z^{-1}}$$

对 $H(z)$ 求 Z 逆变换，则可求得系统的冲激响应为

$$h(n) = 12\delta(n) - \left[4\left(\frac{1}{2}\right)^n + 7 \times \left(-\frac{3}{4}\right)^n\right] \cdot u(n)$$

（2）由（1）可知，系统收敛域为 $|z| > 3/4$，既包括单位圆，又包括无穷远点，所以既是稳定系统，又是因果系统。

18．某系统函数为 $H(z) = (z-1)^2/(z-0.5)$ 的稳定系统，是否为因果系统？

【解】 因为系统稳定，所以单位圆必须在收敛域内。由于系统的极点为 $z = 1/2$，所以收敛域为 $|z| > 1/2$。又因为 $\lim\limits_{z \to \infty} H(z) = \infty$，故收敛点不包含 ∞，因此该系统不是因果系统。

19．已知离散序列：

$$x(n) = \begin{cases} a^n & (0 \leqslant n \leqslant N-1) \\ 0 & （其他） \end{cases}$$

试求 $x(n)$ 的 Z 变换 $X(z)$，确定其收敛域，并画出 $X(z)$ 的零、极点图。

【解】 由 Z 变换定义可得

$$X(z) = \sum_{n=-\infty}^{+\infty} a^n z^{-n} = \sum_{n=0}^{N-1} a^n z^{-n}$$

$$= \frac{1 - (az^{-1})^N}{1 - (az^{-1})} = \frac{1}{z^N} \cdot \frac{z^N - a^N}{z - a}$$

由此可知,系统可能的极点为:$z = a$,$z = 0(N-1$ 阶$)$;可能的零点为:$z_k = ae^{j\frac{2\pi}{N}k}$,其中 $k = 0$, $1, 2, \cdots, N-1$。

易知,$k = 0$ 时的 $z = a$ 零点和 $z = a$ 极点相互抵消,所以该 Z 变换在 $z = 0$ 处有 $(N-1$ 阶$)$极点,零点为 $z_k = ae^{j\frac{2\pi}{N}k}$,$k = 1, 2, \cdots, N-1$,对应的收敛域为 $|z| > 0$。

于是,可以画出相应的零、极点图如附图 5 所示。

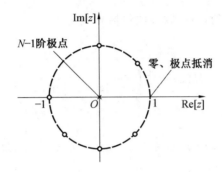

附图 5　题 19 图

20.已知一个线性移不变因果系统的差分方程为

$$y(n) = y(n-1) + 6y(n-2) + x(n-1)$$

(1) 求这个系统的系统函数,画出零、极点图,并指出收敛域;

(2) 求此系统的单位冲激响应;

(3) 判断该系统的稳定性。如果不稳定,请找出一个满足该差分方程的稳定系统的单位冲激响应,此时再判断系统的因果性。

【解】　(1) 对 $y(n) = y(n-1) + 6y(n-2) + x(n-1)$ 两边取 Z 变换,得

$$Y(z) = z^{-1} \cdot Y(z) + 6z^{-2}Y(z) + z^{-1}X(z)$$

将上式变形得系统函数为

$$H(z) = \frac{Y(z)}{X(z)} = \frac{z^{-1}}{1 - z^{-1} - 6z^{-2}} = \frac{z^{-1}}{(-3z^{-1} + 1)(2z^{-1} + 1)}$$

由系统函数知系统的零点 $z = 0$,极点 $z_1 = 3, z_2 = -2$。所以可画出零、极点图如附图 6 所示。

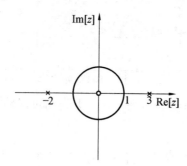

附图 6　题 20 图

由图知系统的收敛域为 $|z| > 3$ 。

又因为该系统是因果的,所以收敛域包括 ∞ 点。

（2）由题意可知

$$H(z) = \frac{1}{5}\left(\frac{1}{1 - 3z^{-1}} - \frac{1}{1 + 2z^{-1}}\right)$$

对 $H(z)$ 求逆变换可得

$$h(n) = \frac{1}{5} \times 3^n \times u(n) - \frac{1}{5} \times (-2)^n \times u(n) = \frac{1}{5}\left[3^n - (-2)^n\right]u(n)$$

$$h(n) = \frac{1}{5}\left[-3^n + (-2)^n\right]u(-n-1)$$

当收敛域为 $2 < |z| < 3$ 时,收敛域不包含点 ∞ ,所以不是因果系统。

21. 求离散信号 $x(n) = n(1/3)^n u(n-2)$ 的 Z 变换。

【解】　由 Z 变换的定义直接计算得

$$X(z) = \sum_{n=-\infty}^{\infty} n\left(\frac{1}{3}\right)^n u(n-2) z^{-n'} = \sum_{n=2}^{\infty} n\left(\frac{1}{3}\right)^n z^{-n}$$

$$= -z\frac{\mathrm{d}}{\mathrm{d}z}\sum_{n=2}^{\infty}\left(\frac{1}{3z}\right)^n = -z\frac{\mathrm{d}}{\mathrm{d}z}\left[\frac{\left(\frac{1}{3z}\right)^2}{1 - \frac{1}{3z}}\right] = \frac{6z-1}{2z(3z-1)^2}$$

其中收敛域为

$$|z| > \frac{1}{3}$$

22. 求 $X(z) = \dfrac{1 - 2z^{-1}}{1 - \dfrac{1}{4}z^{-1}}\left(|z| < \dfrac{1}{4}\right)$ 的 Z 反变换。

【解】　原式可化解为

$$X(z) = \frac{1 - 2z^{-1}}{1 - \dfrac{1}{4}z^{-1}} = 8 - \frac{7}{1 - \dfrac{1}{4}z^{-1}}$$

根据

$$Z[-a^n u(-n-1)] = \frac{1}{1 - a z^{-1}}$$

则有

$$x(n) = 7 \cdot \left(\frac{1}{4}\right)^n u(-n-1) + 8\delta(n)$$

23. 已知一个线性移不变(LTI)因果系统,用差分方程表示为

$$y(n) + 0.8y(n-1) + 0.64y(n-2) = x(n)$$

(1) 求系统的传递函数 $H(z)$ 的表达式,画出系统的零、极点图;

(2) 在 z 平面上标出系统的收敛域,根据收敛域判断系统的稳定性,并说明理由;

(3) 求该系统的频率响应 $H(e^{j\omega})$ 的表达式,画出幅频响应的示意图,指出它的滤波特性;

(4) 设输入序列 $x(n) = 20\cos\left(\frac{2}{3}\pi n\right)$,求它的输出序列 $y(n)$ 的最大幅值等于多少?

【解】 (1) 已知差分方程为 $y(n) + 0.8y(n-1) + 0.64y(n-2) = x(n)$,取 Z 变换得

$$Y(z) + 0.8z^{-1} \cdot Y(z) + 0.64z^{-2} \cdot Y(z) = X(z)$$

将上式变形可得系统函数为

$$H(z) = \frac{Y(z)}{X(z)} = \frac{1}{1 + 0.8z^{-1} + 0.64z^{-2}} = \frac{z^2}{z^2 + 0.8z + 0.64}$$

由上式知系统极点为

$$z_1 = \frac{-2 + 2\sqrt{3}\,j}{5}, \quad z_2 = \frac{-2 - 2\sqrt{3}\,j}{5}$$

零、极点图如附图 7 所示。

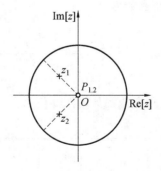

附图 7　题 23 零、极点图

(2) 已知系统是因果的,所以收敛域必然包含 $+\infty$,即收敛域为

$$|z| > \left| \frac{-2 \pm 2\sqrt{3}\,j}{5} \right| = \frac{4}{5}$$

此时收敛域包含单位圆,所以系统是稳定的。

（3）在 $H(z)$ 中令 $z = e^{j\omega}$ 得

$$H(e^{j\omega}) = H(z)\big|_{z=e^{j\omega}} = \frac{1}{1 + 0.8e^{-j\omega} + 0.64e^{-j2\omega}}$$

当 ω 逐渐增大时，对于 $|1 + 0.8e^{-j\omega} + 0.64e^{-2j\omega}|$，由复平面图可知，其值先减小后增大，因此幅频特性应是先增大后减小。滤波器的幅频响应如附图 8 所示。

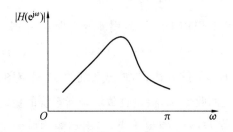

附图 8   题 23 幅频响应

由图知该滤波器为带通滤波器。

（4）已知输入序列 $x(n) = 20\cos\left(\frac{2}{3}\pi n\right)$，代入系统函数得

$$\left| H(e^{j\frac{2}{3}\pi}) \right| = \left| \frac{1}{1 + 0.8e^{-j\frac{2}{3}\pi} + 0.64e^{-j\frac{4}{3}\pi}} \right| = 3.2009$$

于是，可求得 $y(n)$ 的最大幅值为

$$20 \cdot \left| H(e^{j\frac{2}{3}\pi}) \right| = 64$$

24. 某一因果离散系统由下列差分方程描述：

$$y(n) = x(n) + \frac{1}{3}x(n-1) + \frac{3}{4}y(n-1) - \frac{1}{8}y(n-2)$$

试画出该系统的典范型（直接 Ⅱ 型）和并联型（只用一阶）信号流图。

【解】   根据差分方程得系统函数为

$$H(z) = \frac{Y(z)}{X(z)} = \frac{1 + \frac{1}{3}z^{-1}}{1 - \frac{3}{4}z^{-1} + \frac{1}{8}z^{-2}}$$

则该系统的典范型（直接 Ⅱ 型）信号流图如附图 9 所示。

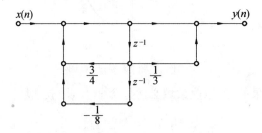

附图 9   题 24 典范型（直接 Ⅱ 型）信号流图

又系统函数可写为

$$H(z) = \frac{\dfrac{10}{3}}{1 - \dfrac{1}{2}z^{-1}} + \frac{-\dfrac{7}{3}}{1 - \dfrac{1}{4}z^{-1}}$$

则该系统的并联型信号流图如附图 10 所示。

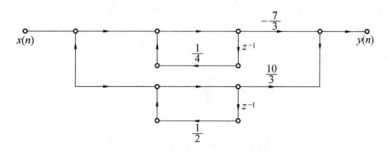

附图 10　题 24 并联型信号流图

25.求下列 Z 变换的反变换：

$$H(z) = \frac{z(z+2)}{(z-0.2)(z+0.6)} \quad (|z| < 0.2)$$

【解】　$H(z)$ 可写成如下形式：

$$H(z) = \frac{z(z+2)}{(z-0.2)(z+0.6)} = \frac{1 + 2z^{-1}}{(1-0.2z^{-1})(1+0.6z^{-1})} = \frac{2.75}{1-0.2z^{-1}} - \frac{1.75}{1+0.6z^{-1}}$$

根据部分分式展开法得其反变换为

$$h[n] = -2.75(0.2)^n u[-n-1] + 1.75(-0.6)^n u[-n-1]$$

26.已知 $X(z) = \dfrac{-3z^{-1}}{2 - 5z^{-1} + 2z^{-2}}(0.5 < |z| < 2)$，求原序列 $x(n)$。

【解】　由 Z 逆变换得

$$X(z) = \frac{-3z^{-1}}{2 - 5z^{-1} + 2z^{-2}} = \frac{-3z^{-1}}{(2 - z^{-1})(1 - 2z^{-1})} = \frac{-1.5z}{(z-0.5)(z-2)}$$

$$x(n) = \frac{1}{2\pi j}\oint_C X(z)z^{n-1}\,dz$$

$$F(z) = X(z)z^{n-1} = \frac{-3 \cdot z^n}{2(z-0.5)(z-2)}$$

$n \geqslant 0, C$ 内有极点 0.5，$x(n) = \text{Res}[F(z), 0.5] = 0.5^n = 2^{-n}$。

$n < 0$，C 内有极点 0.5 和 0，但 0 是一个 n 阶极点，改求 C 外极点留数。外极点只有 2，$x(n) = -\text{Res}[F(z), 2] = 2^n$，故

$$x(n) = 2^{-n}u(n) + 2^n u(-n-1) = 2^{-|n|} \quad (-\infty \leqslant n \leqslant +\infty)$$

27.利用 Z 变换求序列 $h[n] = (0.5)^n u[n]$ 和 $x[n] = (3)^n u[-n]$ 的卷积。

【解】　对 $h(n)$ 进行 Z 变换得

$$H(z) = \frac{1}{1 - \frac{1}{2}z^{-1}} \quad \left(|z| > \frac{1}{2}\right)$$

$$X(z) = \sum_{n=-\infty}^{\infty} x[n]z^{-n} = \sum_{n=-\infty}^{0} 3^n z^{-n} = \sum_{n=0}^{\infty} \left(\frac{1}{3}z\right)^n = \frac{1}{1 - \frac{1}{3}z^{-1}} = -\frac{3z^{-1}}{1 - 3z^{-1}} \quad (|z| < 3)$$

$$Y(z) = H(z)X(z) = -\frac{1}{1 - \frac{1}{2}z^{-1}} \cdot \frac{3z^{-1}}{1 - 3z^{-1}} \quad \left(\frac{1}{2} < |z| < 3\right)$$

用部分分式展开法得

$$Y(z) = \frac{A}{1 - \frac{1}{2}z^{-1}} + \frac{B}{1 - 3z^{-1}}$$

$$A = \left[\left(1 - \frac{1}{2}z^{-1}\right)Y(z)\right]_{z=\frac{1}{2}} = \frac{6}{5}$$

$$B = \left[(1 - 3z^{-1})Y(z)\right]_{z=3} = -\frac{6}{5}$$

$$y(n) = \left(\frac{6}{5}\right)\left(\frac{1}{2}\right)^n u(n) + \left(\frac{6}{5}\right)3^n u(-n-1)$$

28.已知用下列差分方程描述一个线性移不变因果系统：

$$y(n) = y(n-1) + y(n-2) + x(n-1)$$

(1) 求这个系统的系统函数,画出系统函数的零、极点图并指出其收敛域;

(2) 求出系统的单位冲激响应;

(3) 判断系统的稳定性,如果不稳定,试找出一个满足上述差分方程的稳定的(非因果)系统的单位冲激响应。

【解】 (1) 已知

$$y(n) = y(n-1) + y(n-2) + x(n-1)$$

将上式进行 Z 变换,得到

$$Y(z) = Y(z)z^{-1} + Y(z)z^{-2} + X(z)z^{-1}$$

因此

$$H(z) = \frac{z^{-1}}{1 - z^{-1} - z^{-2}} = \frac{z}{z^2 - z - 1}$$

零点:$z_0 = 0$。令 $z^2 - z - 1 = 0$,求出极点:$z_1 = \frac{1+\sqrt{5}}{2}$, $z_2 = \frac{1-\sqrt{5}}{2}$。

零、极点图如附图 11 所示。

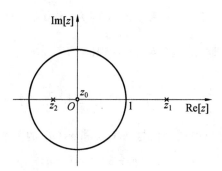

附图 11　题 28 零、极点图

由于限定系统是因果的,收敛域需要包含 ∞ 在内的收敛域,即 $|z| > \dfrac{1+\sqrt{5}}{2}$。

(2) 由题意可知

$$h(n) = Z^{-1}\big[H(z)\big] = \frac{1}{2\pi\mathrm{j}}\oint_C H(z)z^{n-1}\mathrm{d}z$$

式中,$z_1 = \dfrac{1+\sqrt{5}}{2}$,$z_2 = \dfrac{1-\sqrt{5}}{2}$。

令

$$F(z) = H(z)z^{n-1} = \frac{z^n}{(z-z_1)(z-z_2)}$$

当 $n \geqslant 0$ 时:

$$h(n) = \mathrm{Res}\big[F(z),z_1\big] + \mathrm{Res}\big[F(z),z_2\big]$$

$$= \frac{z^n}{(z-z_1)(z-z_2)}(z-z_1)\bigg|_{z=z_1} + \frac{z^n}{(z-z_1)(z-z_2)}(z-z_2)\bigg|_{z=z_2}$$

$$= \frac{z_1^n}{z_1-z_2} + \frac{z_2^n}{z_2-z_1} = \frac{1}{\sqrt{5}}\left[\left(\frac{1+\sqrt{5}}{2}\right)^n - \left(\frac{1-\sqrt{5}}{2}\right)^n\right]$$

因为 $h(n)$ 是因果序列, $n < 0$ 时,$h(n) = 0$,所以

$$h(n) = \frac{1}{\sqrt{5}}\left[\left(\frac{1+\sqrt{5}}{2}\right)^n - \left(\frac{1-\sqrt{5}}{2}\right)^n\right]u(n)$$

(3) 因为 $\displaystyle\sum_{n=-\infty}^{\infty} h(n) = \frac{1}{\sqrt{5}}\left[\left(\frac{1+\sqrt{5}}{2}\right)^n - \left(\frac{1-\sqrt{5}}{2}\right)^n\right] = \infty$,所以易知系统不稳定。

如果要求系统稳定,收敛域需要选包含单位圆在内的收敛域,即 $|z_2| < |z| < |z_1|$,则

$$F(z) = H(z)z^{n-1} = \frac{z^n}{(z-z_1)(z-z_2)}$$

$n \geqslant 0$ 时,C 内只有极点 z_2,只需求 z_2 点的留数,则

$$h(n) = \mathrm{Res}\big[F(z),z_2\big] = -\frac{1}{\sqrt{5}}\left(\frac{1-\sqrt{5}}{2}\right)^n$$

$n < 0$ 时, C 内只有两个极点: z_2 和 $z=0$, 因为 $z=0$ 是一个 n 阶极点, 改成求圆外极点留数, 圆外极点只有一个, 即 z_1, 那么 $h(n) = -\mathrm{Res}[F(z), z_1] = -\frac{1}{\sqrt{5}}\left(\frac{1+\sqrt{5}}{2}\right)^n$, 因此可得

$$h(n) = -\frac{1}{\sqrt{5}}\left(\frac{1-\sqrt{5}}{2}\right)^n u(n) - \frac{1}{\sqrt{5}}\left(\frac{1+\sqrt{5}}{2}\right)^n u(-n-1)$$

29. 有一信号 $y(n)$, 它与另两个信号 $x_1(n)$ 和 $x_2(n)$ 的关系是

$$y(n) = x_1(n+3) * x_2(-n-1)$$

其中 $x_1(n) = \left(\frac{1}{2}\right)^n u(n)$, $x_2(n) = \left(\frac{1}{3}\right)^n u(n)$, 已知 $Z[a^n u(n)] = \frac{1}{1-az^{-1}}(|z| > |a|)$, 利用 Z 变换性质求 $y(n)$ 的 Z 变换 $Y(z)$。

【分析】

① 移位定理

$$x(n) \leftrightarrow X(z), \qquad x(-n) \leftrightarrow X(z^{-1})$$
$$x(n+m) \leftrightarrow z^m X(z), \quad x(-n-m) \leftrightarrow z^m X(z^{-1})$$

② 若 $y(n) = x_1(n) * x_2(n)$, 则 $Y(z) = X_1(z)X_2(z)$。

【解】 根据题目所给条件可得

$$x_1(n) \overset{z}{\leftrightarrow} \frac{1}{1-\frac{1}{2}z^{-1}} \quad \left(|z| > \frac{1}{2}\right); \quad x_2(n) \overset{z}{\leftrightarrow} \frac{1}{1-\frac{1}{3}z^{-1}} \quad \left(|z| > \frac{1}{3}\right)$$

又由移位定理, 得

$$x_1(n+3) \overset{z}{\leftrightarrow} \frac{z^3}{1-\frac{1}{2}z^{-1}} \quad \left(\frac{1}{2} < |z| < \infty\right)$$

$$x_2(-n) \overset{z}{\leftrightarrow} X_2(z^{-1}) = \frac{1}{1-\frac{1}{3}z} \quad \left(|z^{-1}| > \frac{1}{3}\right)$$

$$x_2(-n-1) \overset{z}{\leftrightarrow} \frac{z}{1-\frac{1}{3}z} \quad (|z| < 3)$$

而 $$y(n) = x_1(n+3) * x_2(-n-1)$$

所以

$$Y(z) = Z[x_1(n+3)] \cdot Z[x_2(-n-1)]$$
$$= \frac{z^3}{1-\frac{1}{2}z^{-1}} \cdot \frac{z}{1-\frac{1}{3}z} = -\frac{3z^5}{(z-3)\left(z-\frac{1}{2}\right)} \quad \left(\frac{1}{2} < |z| < 3\right)$$

30. 一个因果线性移不变系统的单位冲激响应为 $h(n) = a^n u(n)(|a| < 1)$。试用 Z 变换求此系统的单位阶跃响应。

【分析】

将单位阶跃信号 $u(n)$ 也作为一个输入信号作用在线性移不变(LSI)系统中,然后由 Z 变换去求解。

【解】　输入为单位阶跃信号 $x(n)=u(n)$,则

$$X(z)=\frac{1}{1-z^{-1}} \quad (\,|\,z\,|>1)$$

$h(n)$ 的 Z 变换为

$$H(z)=\frac{1}{1-az^{-1}} \quad (\,|\,z\,|>a,\,|\,a\,|<1)$$

因而系统的单位阶跃响应的 Z 变换为

$$G(z)=X(z)H(z)=\frac{1}{(1-z^{-1})\,(1-az^{-1})}$$

将 $G(z)$ 展成部分分式

$$G(z)=\frac{1}{(1-z^{-1})\,(1-az^{-1})}=\frac{A}{1-z^{-1}}+\frac{B}{1-az^{-1}}$$

$$A=(1-z^{-1})\,G(z)\,|_{z=1}=\frac{1}{1-a}$$

$$B=(1-az^{-1})\,G(z)\,|_{z=a}=\frac{1}{1-a^{-1}}$$

所以可得

$$G(z)=\frac{\dfrac{1}{1-a}}{1-z^{-1}}+\frac{1}{1-a^{-1}}$$

由此得出单位阶跃响应 $g(n)$ 为

$$g(n)=\left[\frac{1}{1-a}+\frac{a^n}{1-a^{-1}}\right]u(n)=\frac{(1-a^{-1})+(1-a)a^n}{(1-a)\,(1-a^{-1})}\cdot u(n)$$

$$=\frac{(1-a^{-1})\,(1-a^{n+1})}{(1-a)\,(1-a^{-1})}u(n)=\frac{1-a^{n+1}}{1-a}\cdot u(n)$$

$$=(1+a+a^2+\cdots+a^n)u(n) \quad (\,|\,a\,|<1)$$

附 3　DFT 及 FFT 精选题解

1.设有两个序列

$$x(n)=\begin{cases}x(n) & (0\leqslant n\leqslant 5)\\ 0 & (n \text{ 为其他值})\end{cases}$$

$$y(n)=\begin{cases}y(n) & (0\leqslant n\leqslant 14)\\ 0 & (n \text{ 为其他值})\end{cases}$$

各做 15 点的 DFT,然后将两个 DFT 相乘,再求乘积的 IDFT,设所得的结果为 $f(n)$,问 $f(n)$ 的哪些点(用符号 n 表示)对应于 $x(n) * y(n)$ 应该得到的点。

【解】 序列 $x(n)$ 的点数为 $N_1 = 6$,$y(n)$ 的点数为 $N_2 = 15$,故 $x(n) * y(n)$ 的点数应为

$$N = N_1 + N_2 - 1 = 20$$

因为 $f(n)$ 为 $x(n)$ 与 $y(n)$ 的 15 点的圆周卷积,即 $L = 15$,所以混叠点数为 $N - L = 20 - 15 = 5$。即线性卷积以 15 为周期延拓形成圆周卷积序列 $f(n)$ 时,一个周期内在 $n = 0$ 到 $n = 4(= N - L - 1)$ 这五点处发生混叠,即 $f(n)$ 中只有 $n = 5$ 到 $n = 14$ 的点对应于 $x(n) * y(n)$ 应该得到的点。

2.证明:若 $x(n)$ 为实偶对称,即 $x(n) = x(N - n)$,则:$X(k)$ 也为实偶对称。

【证明】 根据题意

$$X(k) = \sum_{n=0}^{N-1} x(n) W_N^{nk} = \sum_{n=0}^{N-1} x(N - n) W_N^{(-n)(-k)}$$

$$\sum_{n=0}^{N-1} x(N - n) W_N^{(N-n)(N-k)} \xrightarrow{\text{令} N-n=m} \sum_{m=N}^{1} x(m) W_N^{(N-k)m}$$

$$= \sum_{m=1}^{N} x(m) W_N^{(N-k)m}$$

利用 $x(n)$ 的隐含周期性及 W_N 的周期性,可以改变求和的起始点,即

$$X(k) = \sum_{m=0}^{N-1} x(m) W_N^{(N-k)m} = X(N - k)$$

得证。

3.令 $X(k)$ 表示 N 点序列 $x(n)$ 的 N 点离散傅里叶变换,

(1) 证明如果 $x(n)$ 满足关系式 $x(n) = -x(N - 1 - n)$,则 $X(0) = 0$。

(2) 证明当 N 为偶数时,如果 $x(n) = x(N - 1 - n)$,则 $X(N/2) = 0$。

【证明】 (1)因为

$$X(k) = \sum_{n=0}^{N-1} x(n) W_N^{nk} \quad (0 \leqslant k \leqslant N - 1)$$

当 $x(n) = -x(N - 1 - n)$ 时

$$X(k) = \sum_{n=0}^{N-1} [-x(N - 1 - n) W_N^{nk}]$$

$$= -\sum_{n=0}^{N-1} [x(N - 1 - n) W_N^{-(N-1-n)k} W_N^{(N-1)k}]$$

$$\xrightarrow{m = N-1-n} -\sum_{m=0}^{N-1} x(m) W_N^{-mk} \cdot W_N^{(N-1)k}$$

$$\xrightarrow{\text{用} n \text{代替} m} -\sum_{n=0}^{N-1} x(n) W_N^{(N-1)k} W_N^{-nk}$$

可以求得

$$X(k) = -X(\langle -k \rangle_N) W_N^{(N-1)k} R_N(k)$$

当 $k=0$ 时

$$X(0) = -X(-0) = -X(0)$$

即

$$X(0) = 0$$

(2) 依照(1)，当 $x(n) = x(N-1-n)$ 时

$$X(k) = \sum_{n=0}^{N-1} \left[x(\langle N-1-n \rangle_N) R_N(n) W_N^{nk} \right]$$

$$= X(\langle -k \rangle_N) W_N^{k(N-1)} R_N(k)$$

当 $n = \dfrac{N}{2}$（N 为偶数）时

$$X\left(\frac{N}{2}\right) = X\left(\langle -\frac{N}{2} \rangle_N\right) \mathrm{e}^{-\mathrm{j}\frac{2\pi}{N}\frac{N}{2}(N-1)} R_N\left(\frac{N}{2}\right)$$

由于 N 为偶数，则

$$\mathrm{e}^{-\mathrm{j}\frac{2\pi}{N}\frac{N}{2}(N-1)} = \mathrm{e}^{-\mathrm{j}\pi(N-1)} = -1$$

所以

$$X\left(\frac{N}{2}\right) = -X\left(-\frac{N}{2}\right) = -X\left(N-\frac{N}{2}\right) = -X\left(\frac{N}{2}\right)$$

即

$$X\left(\frac{N}{2}\right) = 0$$

4. 已知一个长度为 M 点的有限长序列 $x(n)$，

$$x(n) = \begin{cases} x(n) & (0 \leqslant n \leqslant M-1) \\ 0 & (n \text{ 为其他值}) \end{cases}$$

希望计算其 Z 变换 $X(z) = \displaystyle\sum_{n=0}^{M-1} x(n) z^{-n}$ 在单位圆上 N 个等间隔点上的抽样，即在 $z = \mathrm{e}^{\mathrm{j}\frac{2\pi}{N}k}$（$k = 0, 1, \cdots, N-1$）上的抽样。试对下列情况，找出只用一个 N 点 DFT 就能计算 $X(z)$ 的 N 个抽样的方法，并证明之。

(1) $N \leqslant M$；(2) $N > M$

【解】　(1) 依题意

$$X(\mathrm{e}^{\mathrm{j}\frac{2\pi}{N}k}) = \sum_{n=0}^{M-1} x(n) \mathrm{e}^{-\mathrm{j}\frac{2\pi}{N}nk}$$

设 $(l-1)N \leqslant M < lN$，则

$$X(\mathrm{e}^{\mathrm{j}\frac{2\pi}{N}k}) = \sum_{n=0}^{N-1} x(n)\mathrm{e}^{-\mathrm{j}\frac{2\pi}{N}nk} + \sum_{n=N}^{2N-1} x(n)\mathrm{e}^{-\mathrm{j}\frac{2\pi}{N}nk} + \cdots + \sum_{n=(l-1)N}^{M-1} x(n)\mathrm{e}^{-\mathrm{j}\frac{2\pi}{N}nk}$$

$$= \sum_{n=0}^{N-1} x(n)\mathrm{e}^{-\mathrm{j}\frac{2\pi}{N}nk} + \sum_{n=0}^{N-1} x(n+N)\mathrm{e}^{-\mathrm{j}\frac{2\pi}{N}(n+N)k} + \cdots +$$

$$\sum_{n=0}^{M-(l-1)N-1} x[n+(l-1)N]\mathrm{e}^{-\mathrm{j}\frac{2\pi}{N}[n+(l-1)N]k}$$

因为

$$\mathrm{e}^{-\mathrm{j}\frac{2\pi}{N}(n+lN)k} = \mathrm{e}^{-\mathrm{j}\frac{2\pi}{N}nk}$$

且令

$$\left.\begin{array}{l} y_0(n) = x(n) \\ y_1(n) = x(n+N) \\ \quad\vdots \\ y_{l-2}(n) = x[n+(l-2)N] \end{array}\right\} \quad (0 \leqslant n \leqslant N-1)$$

$$y_{l-1}(n) = x[n+(l-1)N] \quad (0 \leqslant n \leqslant M-(l-1)N-1)$$

所以

$$X(\mathrm{e}^{\mathrm{j}\frac{2\pi}{N}k}) = \sum_{n=0}^{N-1} \left[\sum_{m=0}^{l-1} y_m(n)\right] \mathrm{e}^{-\mathrm{j}\frac{2\pi}{N}nk}$$

由此可见,对于 $N \leqslant M$,可先计算 $\sum_{m=0}^{l-1} y_m(n)$,然后对它求一次 N 点 DFT,即可计算 $X(z)$ 在单位圆上的 N 点抽样。

(2)若 $N > M$,可将 $x(n)$ 补零到 N 点,即

$$x_0(n) = \begin{cases} x(n) & (0 \leqslant n \leqslant M-1) \\ 0 & (M \leqslant n \leqslant N-1) \end{cases}$$

则

$$X(\mathrm{e}^{\mathrm{j}\frac{2\pi}{N}k}) = \sum_{n=0}^{N-1} x_0(n)\mathrm{e}^{-\mathrm{j}\frac{2\pi}{N}nk} \quad (0 \leqslant k \leqslant N-1)$$

5.设信号 $x(n) = \{1,2,3,4\}$,通过系统 $h(n) = \{4,3,2,1\}$,$n = 0,1,2,3$。

(1)求出系统的输出:$y(n) = x(n) * h(n)$;

(2)试用循环卷积计算 $y(n)$;

(3)简述通过 DFT 来计算 $y(n)$ 的思路。

【解】 (1)LSI 系统的输出是输入 $x(n)$ 与该系统的单位抽样响应 $h(n)$ 之间的线性卷积。

因此,用线性卷积计算得

$$y(n) = x(n) * h(n) = \{4,11,20,30,20,11,4\} \quad (n = 0,1,\cdots,7)$$

（2）若要用循环卷积来计算 $y(n)$，则首先必须将 $x(n)$ 和 $h(n)$ 补零，使其长度变为二者长度之和减一，即 $L=N+M-1=4+4-1=7$。这样，补零后得

$$x'(n)=\{1,2,3,4,0,0,0\}, \quad h'(n)=\{4,3,2,1,0,0,0\}$$

用循环卷积计算 $x'(n)①h'(n)$ 是在一个周期内进行的，周期即是 $L=7$。在这一个周期内求出的循环卷积等效于 $x(n)$ 和 $h(n)$ 的线性卷积，因此求出的 $y(n)$ 仍然是 $\{4,11,20,30,20,11,4\}$。

（3）用 DFT 计算 $y(n)$ 的思路大致如下：

因为 DFT 的"时域卷积，频域相乘"的关系对应的是循环卷积，而不是线性卷积，所以通过 DFT 来计算 $y(n)$ 的步骤如下：

① 与本题（2）的做法一样，对输入信号和系统的单位抽样响应在后面补零，使其长度都成为 $L=N+M-1$，其中 N 和 M 分别为输入信号与单位抽样响应的长度，这样就可以保证循环卷积的结果与线性卷积的一致；

② 对补零后的两个新的序列分别求 DFT，得到长度都为 L 的两个频域序列；

③ 将这两个频域序列相乘，再将相乘所得的序列做 DFT 逆变换，逆变换所得到的时域序列就是 $y(n)$。

6. 有限时宽序列的 N 点离散傅里叶变换相当于其 Z 变换在单位圆上的 N 点等间隔采样。我们希望求出 $X(z)$ 在半径为 r 的圆上的 N 点等间隔采样，即

$$\widehat{X(k)}=X(z)\big|_{z=re^{j\frac{2\pi}{N}k}} \quad (k=0,1,\cdots,N-1)$$

试给出一种用 DFT 计算得到 $\widehat{X(k)}$ 的方法。

【解】 因为

$$X(z)=\sum_{n=0}^{N-1}x(n)z^{-n}$$

所以

$$\begin{aligned}
\widehat{X(k)}&=\sum_{n=0}^{N-1}x(n)r^{-n}e^{-j\frac{2\pi}{N}kn}\\
&=\sum_{n=0}^{N-1}x(n)r^{-n}W_N^{kn} \quad (k=0,1,\cdots,N-1)\\
&=\mathrm{DFT}[x(n)r^{-n}]
\end{aligned}$$

由此可见，先对 $x(n)$ 乘以指数序列 r^{-n}，然后再进行 N 点 DFT 即可得到题中所要求的复频域采样 $\widehat{X(k)}$。

7. 已知 $x(n)$ 长度为 N，$X(z)=Z[x(n)]$，要求计算 $X(z)$ 在单位圆上的 M 个等间隔采样。假定 $M<N$，试求出一种计算 M 个采样值的方法，它只需要计算一次 M 点 DFT。

【解】 由频域采样理论知道，如果

$$X(k) = X(z) \mid_{z=e^{j\frac{2\pi}{M}k}} \quad (k=0,1,\cdots,M-1)$$

即 $X(k)$ 是 $X(z)$ 在单位圆上的 M 点等间隔采样,则

$$x_M(n) = \mathrm{IDFT}[X(k)] = \sum_{r=-\infty}^{\infty} x(n+rM) \cdot R_M(n)$$

当然

$$X(k) = \mathrm{DFT}[x_M(n)] \quad (k=0,1,\cdots,M-1)$$

即首先将 $x(n)$ 以 M 为周期进行周期延拓,取主值区序列 $x_M(n)$,最后进行 M 点 DFT,则可得到 $X(k) = X(e^{j\frac{2\pi}{M}k})$,$k=0,1,\cdots,M-1$。

应当注意,$M < N$,所以周期延拓 $x(n)$ 时,有重叠区,$x_M(n)$ 在重叠区上的值等于重叠在 n 点处的所有序列值相加。

显然,由于频域采样点数 $M < N$,不满足频域采样定理,因此,不能由 $X(k)$ 恢复 $x(n)$,即丢失了 $x(n)$ 的频谱信息。

8. 求:$x(n) = e^{j\omega_0 n} R_N(n)$ 的 DFT。

【解】

$$\begin{aligned}
X(k) &= \sum_{n=0}^{N-1} x(n) W_N^{nk} = \sum_{n=0}^{N-1} e^{j\omega_0 n} R_N(n) e^{-j\frac{2\pi}{N}kn} \\
&= \frac{1-e^{j(\omega_0-\frac{2\pi}{N}k)N}}{1-e^{-j(\omega_0-\frac{2\pi}{N}k)}} = \psi\left(\omega - \frac{2\pi}{N}k\right) \Big|_{\omega=\omega_0} \\
&= \psi_k(\omega) \mid_{\omega=\omega_0}
\end{aligned}$$

$$\psi(\omega) = \frac{\sin\frac{\omega}{2}N}{\sin\frac{\omega}{2}} e^{j\varphi(\omega)}$$

所以

$$X(0) = \psi_0(\omega) \mid_{\omega=\omega_0} = \frac{\sin\frac{\omega_0}{2}N}{\sin\frac{\omega_0}{2}} = \begin{cases} 0 & \left(\omega_0 = \frac{2\pi}{N}m, m \neq 0\right) \\ N & (\omega_0 = 0, m = 0) \\ \neq 0 & \left(\omega_0 \neq \frac{2\pi}{N}m\right) \end{cases}$$

$$X(1) = \psi_1(\omega) \mid_{\omega=\omega_0} = \frac{\sin\frac{\omega_0-\frac{2\pi}{N}}{2}N}{\sin\frac{\omega_0-\frac{2\pi}{N}}{2}} = \begin{cases} 0 & \left(\omega_0 = \frac{2\pi}{N}m, m \neq 1\right) \\ N & (\omega_0 = 0, m = 1) \\ \neq \psi_1(\omega) & \left(\omega_0 \neq \frac{2\pi}{N}m\right) \end{cases}$$

9. 利用一个单位抽样响应点数 $N = 50$ 的有限冲激响应滤波器来过滤一串很长的数据。要求利用重叠保留法通过快速傅里叶变换来实现这种滤波器,为了做到这一点,则:

（1）输入各段必须重叠 P 个抽样点；

（2）必须从每一段产生的输出中取出 Q 个抽样点，使这些从每一段得到的抽样连接在一起时，得到的序列就是所要求的滤波输出。假设输入的各段长度为 100 个抽样点，而离散傅里叶变换的长度为 128 点。进一步假设，圆周卷积的输出序列标号是从 $n=0$ 到 $n=127$。则：

（a）求 P；

（b）求 Q；

（c）求取出来的 Q 个点的起点和终点的标号，即确定从圆周卷积的 128 点中要取出哪些点，去和前一段的点衔接起来。

【解】　（a）由于用重叠保留法，如果冲激响应 $h(n)$ 的点数为 N 点，则圆周卷积结果的前面的 $N-1$ 个点不代表线性卷积结果，故每段重叠点数 P 为

$$P=N-1=50-1=49$$

（b）每段点数为 $2^7=128$，但其中只有 100 个是有效输入数据，其余 28 个点为补充的零值点。因而每段的重叠而又有效的点数 Q 为

$$Q=100-P=100-49=51$$

（c）每段 128 个数据点中，取出来的 Q 个点的序号从 $n=49$ 到 $n=99$。用这些点和前后段取出的相应点连接起来，即可得到原来的长输入序列。

另外，对于第一段数据没有前一段，故在数据之前必须加上 $P=N-1=49$ 个零值点，以免丢失数据。

10. 设有一谱分析用的信号处理器，抽样点数必须为 2 的整数次幂，假定没有采用任何的特殊数据处理措施，要求频率分辨率（力）不大于 10 Hz，如果采用的抽样时间间隔为 0.1 ms，试确定：（1）最小记录长度；（2）所允许处理的信号的最高频率；（3）在一个记录中的最少点数。

【解】　（1）因为 $T_0=\dfrac{1}{F_0}$，而 $F_0\leqslant 10$ Hz，所以

$$T_0\geqslant\frac{1}{10}\text{s}$$

即最小记录长度为 0.1 s。

（2）因为 $f_s=\dfrac{1}{T_s}=10$ kHz，而

$$f_s>2f_h$$

所以

$$f_h<\frac{1}{2}f_s=5\text{ kHz}$$

即允许处理的信号的最高频率为 5 kHz。

(3)$N \geqslant \dfrac{T_0}{T_s} = 1\,000$，又因为 N 必须是 2 的整数幂，所以一个记录中的最小点数为 $N = 2^{10} = 1\,024$。

11. 如果一台通用计算机的速度为平均每次复乘需 5 μs，每次复加需 0.5 μs，用它来计算 512 点的 $\text{DFT}[x(n)]$，问直接计算需要多少时间，用 FFT 运算需要多少时间？

【解】 (1) 直接计算

复乘所需时间

$$T_1 = 5 \times 10^{-6} \times N^2 = 5 \times 10^{-6} \times 512^2 = 1.310\,71 \text{ (s)}$$

复加所需时间

$$T_2 = 0.5 \times 10^{-6} \times N \times (N-1) = 0.5 \times 10^{-6} \times 512 \times 511 = 0.130\,816 \text{ (s)}$$

所以

$$T = T_1 + T_2 = 1.441\,536 \text{ s}$$

(2) 用 FFT 计算

复乘所需时间

$$T_1 = 5 \times 10^{-6} \times \frac{N}{2} \log_2 N = 0.011\,52 \text{ s}$$

复加所需时间

$$T_2 = 0.5 \times 10^{-6} \times N \log_2 N = 0.002\,304 \text{ s}$$

所以

$$T = T_1 + T_2 = 0.013\,824 \text{ s}$$

12. 信号 $x(n)$ 的长度为 $N = 1\,000$，抽样频率 $f_s = 20$ kHz，其 DFT 是 $X(k)$，$k = 0, 1, \cdots, 999$。

(1) 求 $k = 150$ 和 $k = 700$ 时分别对应的实际频率是多少？

(2) 求数字角频率 ω 是多少？

【解】 (1)$k = 150$ 时

$$f = \frac{k}{N} f_s = \frac{150}{1\,000} \times 20 \times 10^3 = 3\,000 \text{ (Hz)}$$

$k = 700$ 时

$$f = \frac{k}{N} f_s = \frac{700}{1\,000} \times 20 \times 10^3 = 14\,000 \text{ (Hz)}$$

(2)$k = 150$ 时对应的数字角频率为

$$\omega = \Omega T_s = 2\pi f \frac{1}{f_s} = 2\pi \frac{3\,000}{20\,000} = 0.3\pi$$

$k=700$ 时对应的数字角频率为

$$\omega = \Omega T_{\mathrm{s}} = 2\pi f \frac{1}{f_{\mathrm{s}}} = 2\pi \frac{14\ 000}{20\ 000} = 1.4\pi$$

13. 设 $x(t)=a^t u(t)(|a|<1)$，现在用 DFT 对 $x(t)$ 做频谱分析，讨论在做 DFT 时数据长度 N 的选择对分析结果的影响。

【解】　将 $x(t)$ 抽样得 $x(n)$，即 $x(n)=x_{\mathrm{a}}(t)\ |_{t=nT_{\mathrm{s}}}$，$x(n)$ 的 FT 是

$$X(\mathrm{j}\omega) = \sum_{n=0}^{\infty} a^n \mathrm{e}^{-\mathrm{j}\omega n} = \frac{1}{1-a\mathrm{e}^{-\mathrm{j}\omega}}$$

对 $X(\mathrm{j}\omega)$ 在一个周期内做 N 点均匀抽样，得

$$X_N(k) = X(\mathrm{j}\omega)\ |_{\omega=\frac{2\pi}{N}k} = \frac{1}{1-a\mathrm{e}^{-\mathrm{j}\frac{2\pi}{N}k}} \quad (k=0,1,\cdots,N-1)$$

设 $X_N(k)$ 做 IDFT 时所得到的序列为 $x_N(n)$，则

$$x_N(n) = \frac{1}{N}\sum_{k=0}^{N-1} \frac{\mathrm{e}^{\mathrm{j}\frac{2\pi}{N}nk}}{1-a\mathrm{e}^{-\mathrm{j}\frac{2\pi}{N}k}} \quad (n=0,1,\cdots,N-1)$$

将分母展成泰勒级数形式，则

$$x_N(n) = \frac{1}{N}\sum_{k=0}^{N-1} \mathrm{e}^{\mathrm{j}\frac{2\pi}{N}nk}\left[\sum_{r=0}^{\infty} a^r \mathrm{e}^{-\mathrm{j}\frac{2\pi}{N}kr}\right]$$

$$x_N(n) = \frac{1}{N}\sum_{r=0}^{\infty} a^r\left[\sum_{k=0}^{N-1} \mathrm{e}^{-\mathrm{j}\frac{2\pi}{N}(r-n)k}\right] \quad (n=0,1,\cdots,N-1)$$

上式中括弧内只有当 $r=n+mN$ 时的值，且其值为 N，这样

$$x_N(n) = \sum_{\substack{r=0 \\ r=n+mN}}^{\infty} a^r \quad (n=0,1,\cdots,N-1)$$

在该式中，由于 n 和 r 只取正值，因此 m 也只能取正值。现将上式对 r 的求和改为对 m 的求和，有

$$x_N(n) = \sum_{m=0}^{\infty} a^{n+mN} = a^n\sum_{m=0}^{\infty} (a^N)^m$$

即

$$x_N(n) = \frac{a^n}{1-a^N} \quad (n=0,1,\cdots,N-1)$$

这样，对给定的序列 $x(n)=a^n u(n)$，找到了由 IDFT 求出 $x_N(n)$ 和原序列 $x(n)$ 的关系。上式中，若 $N\to\infty$，则 $a^N\to 0$，所以，$x_N(n)=a^n=x(n)$。若 N 为有限长，那么 $a^N\neq 0$，$x_N(n)$ 在 $n=0,1,\cdots,N-1$ 的范围内近似 $x_{\mathrm{a}}(n)$。这一近似，表面上看是由于分母不等于 1 造成的，实际上是由于原式时域周期延拓造成的。显然，N 取得越大，混叠越轻微，$x_N(n)$ 对 $x(n)$ 的近似越好。

14. 设计模拟信号 $x(t)=\cos(2\pi\times 1\ 000t+\theta)$，现在以时间间隔 $T_{\mathrm{s}}=0.25$ ms 进行均匀

采样,假定从 $t=0$ 开始采样,共采 N 点。

(1) 写出采样后序列 $x(n)$ 的表达式和对应的数字频率。

(2) 问在此采样下,θ 值是否对采样失真有影响?为什么?

(3) 对 $x(n)$ 进行 N 点 DFT,说明 N 采取哪些值时,DFT 的结果是精确的。

(4) 若希望 DFT 的分辨率达到 1 Hz,应该采集多长时间的数据?

【解】 (1)

$$x(n)=x(t)\mid_{t=nT_s}=\cos(2\pi\times 1\,000\times n\times T_s+\theta)=\cos(0.5\pi n+\theta)$$

对应的数字频率 $\omega=0.5\pi$。

(2) 由于 $f_s=\dfrac{1}{T_s}=4\,000\text{ Hz}=4f_0$,因此保证在一个周期内均抽得四点(三点以上),这样,无论 θ 为何值,根据正弦信号的抽样定理,都可以由 $x(n)$ 准确重建 $x(t)$。

(3) 若对 $x(n)$ 进行 DFT,要保证 DFT 结果精确,由 $f_s=\dfrac{1}{T_s}=4\,000\text{ Hz}=4f_0$,当 $N=4m(m=1,2,\cdots)$ 即 N 可以被 4 整除时,就可以保证 DFT 结果的精确。

(4) 要使得分辨率 $\Delta f=\dfrac{f_s}{N}=\dfrac{1}{T}=1\text{ Hz}$,则

$$T=\frac{1}{\Delta f}=1\text{ s}$$

所以要采集 1 s 时间的数据。

15. 假设线性移不变系统的单位冲激响应 $h(n)$ 和输入信号 $x(n)$ 分别用下式表示:

$$h(n)=R_8(n),\quad x(n)=0.5^n R_8(n)$$

(1) 计算该系统的输出信号 $y(n)$ 并给出示意图。

(2) 如果对 $x(n)$ 和 $h(n)$ 分别进行 16 点 DFT,得到 $X(k)$ 和 $H(k)$,令

$$Y_1(k)=H(k)X(k)\quad(k=0,1,\cdots,15)$$

$$y_1(n)=\text{IDFT}[Y(k)]\quad(n,k=0,1,\cdots,15)$$

画出 $y_1(n)$ 的波形。

(3) 画出用快速卷积法计算该系统输出 $y(n)$ 的计算框图(FFT 计算作为一个标准),并标明 FFT 的最小计算区间 N 等于多少。

【解】 (1)

$$y(n)=\begin{cases}0 & (n<0)\\ 2-0.5^n & (0\leqslant n\leqslant 7)\\ 2^8\cdot 0.5^n-2^{-7} & (8\leqslant n\leqslant 14)\\ 0 & (15\leqslant n)\end{cases}$$

输出信号的波形图如附图 12 所示。

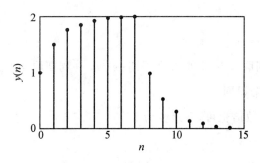

附图 12　题 15 图一

（2）$y_1(n)$ 的波形如附图 13 所示。

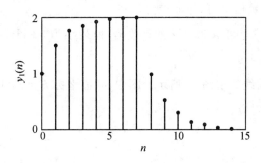

附图 13　题 15 图二

（3）用快速卷积法计算系统输出 $y(n)$ 的计算框图如附图 14 所示。图中 FFT 和 IFFT 的最小变换区间为 16。

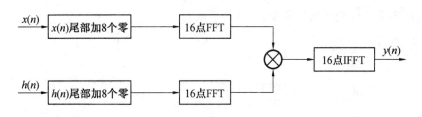

附图 14　题 15 图三

16. 设

$$x(t) = x_1(t) + x_2(t) + x_3(t)$$

式中，$x_1(t) = \cos(8\pi t)$，$x_2(t) = \cos(16\pi t)$，$x_3(t) = \cos(20\pi t)$。

（1）如果用 FFT 对 $x(t)$ 进行频谱分析，问采样频率 f_s 和采样点数 N 应如何选择，才能精确地求出 $x_1(t)$、$x_2(t)$、$x_3(t)$ 的中心频率，为什么？

（2）按照所选择的 f_s、N 对 $x(t)$ 进行采样，得到 $x(n)$，进行 FFT，得到 $X(k)$。画出 $|X(k)| - k$ 曲线，并标出 $x_1(t)$、$x_2(t)$、$x_3(t)$ 各自的峰值对应的 k 分别是多少？

【解】　（1）为了精确地求出题中三个信号的频率，采样频率和截取信号长度分别满足抽样定理和三个周期信号的周期的整数倍长度，另外要满足 FFT 要求变换长度为 2 的整数次幂。

(a)$f_s = 32\ \text{Hz}, N = 16$

这样，$x_1(t)$ 一周期取 8 点，共取 2 个周期；$x_2(t)$ 一周期取 4 点，共取 4 个周期；$x_3(t)$ 一周期取 3.2 点，共取 5 个周期。

或者 N 取 16 的整数倍也可，但最少为 16。

(b)$f_s = 64\ \text{Hz}, N = 32$

这样，$x_1(t)$ 一周期取 16 点，共取 2 个周期；$x_2(t)$ 一周期取 8 点，共取 4 个周期；$x_3(t)$ 一周期取 6.4 点，共取 5 个周期。

或者 N 取 32 的整数倍也可，但最少为 32。

依此类推，采样频率也可取 32 Hz 的整数倍，但最小为 32 Hz。为了使计算点数最少，该题选用 $f_s = 32\ \text{Hz}, n = 16$。

(2) $|X(k)| - k$ 曲线如附图 15 所示。图中，峰值坐标 $k = 2, 14$ 对应 $x_1(t)$；$k = 4, 12$ 对应 $x_2(t)$；$k = 5, 11$ 对应 $x_3(t)$。

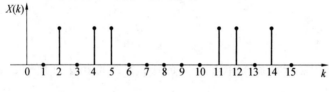

附图 15　题 16 图

17. 试确定下列周期序列的周期及 DFS 系数。

(1)$x_{p1}(k) = \sin\left(\dfrac{\pi k}{4}\right)$

(2)$x_{p2}(k) = 2\sin\left(\dfrac{\pi k}{4}\right) + \cos\left(\dfrac{\pi k}{3}\right)$

【解】　对一般的周期序列，可用 DFS 计算其频谱。当信号可以直接分解为虚指数信号的线性组合时，利用 IDFS 更为便利。

(1) 因为 $\dfrac{2\pi}{\pi/4} = 8$，所以序列的周期 $N = 8$。由 Euler(欧拉) 公式

$$x_{p1}(k) = -0.5\mathrm{j}\left[\exp\left(\mathrm{j}\,\frac{2\pi k}{8}\right) - \exp\left(-\mathrm{j}\,\frac{2\pi k}{8}\right)\right]$$

$$= -0.5\mathrm{j}\left[\exp\left(\mathrm{j}\,\frac{2\pi k}{8}\right) - \exp\left(\mathrm{j}\,\frac{2\pi k \times 8}{8}\right)\exp\left(-\mathrm{j}\,\frac{2\pi k}{8}\right)\right]$$

$$= -4\mathrm{j}\,\frac{\left[\exp\left(\mathrm{j}\,\frac{2\pi k}{8}\right) - \exp\left(\mathrm{j}\,\frac{2\pi k \times 7}{8}\right)\right]}{8}$$

与 IDFS 的定义比较可得，在 $0 \leqslant m \leqslant 7$ 范围内

$$X_{p1}(1) = -4j; \quad X_{p1}(7) = 4j; \quad X_{p1}(m) = 0，其他 m$$

(2) 由于 $\dfrac{2\pi}{\pi/4} = 8, \dfrac{2\pi}{\pi/3} = 6$，所以序列的周期为

$$N = \text{LCM}(6, 8) = 24$$

由 Euler 公式

$$x_{p2}(k) = -j\left[W_{24}^{-3k} - W_{24}^{3k}\right] + \frac{1}{2}\left[W_{24}^{-4k} + W_{24}^{4k}\right]$$

$$= -j\left[W_{24}^{-3k} - W_{24}^{3k}W_{24}^{-24k}\right] + \frac{1}{2}\left[W_{24}^{-4k} + W_{24}^{4k}W_{24}^{-24k}\right]$$

$$= \frac{1}{24}\left[-24jW_{24}^{-3k} + 24jW_{24}^{-21k} + 12W_{24}^{-4k} + 12W_{24}^{-20k}\right]$$

在 $0 \leqslant m \leqslant 23$ 范围内

$$X_{p2}(3) = -24j; \quad X_{p2}(21) = 24j; \quad X_{p2}(4) = 12;$$

$$X_{p2}(20) = 12; \quad X_{p2}(m) = 0，其他 m$$

18. 已知 $x(k) = \alpha^k u(k)，|\alpha| < 1$。

(1) 求序列 $x(k)$ 的 DTFT $X(e^{j\omega})$；

(2) 定义周期序列

$$x_p(k) = \sum_{n=-\infty}^{\infty} x(k + nN)$$

求出周期序列 $x_p(k)$ 及其 DFS 系数 $X_p(m)$；

(3) 根据(1)和(2)中的结论，给出 $X_p(m)$ 和 $X(e^{j\omega})$ 的关系。

【解】　(1) $X(e^{j\omega}) = \sum\limits_{k=0}^{\infty} \alpha^k e^{-jk\omega} = \dfrac{1}{1 - \alpha e^{-j\omega}}$。

(2) 在 $0 \leqslant k \leqslant N - 1$ 范围内

$$x_p(k) = \sum_{n=0}^{\infty} \alpha^{k+nN} = \frac{\alpha^k}{1 - \alpha^N}$$

所以

$$X_p(m) = \sum_{k=0}^{N-1} x_p(k)W_N^{mk} = \frac{1}{1 - \alpha^N} \frac{1 - \alpha^N W_N^{Nm}}{1 - \alpha W_N^m} = \frac{1}{1 - \alpha W_N^m}$$

(3) 比较(1)和(2)的结果，可得 $X(e^{j\omega})\big|_{\omega = \frac{2\pi m}{N}} = X_p(m)$。

19. $g(k)$ 和 $h(k)$ 是如下给定的有限序列

$$g(k) = \{5, 2, 4, -1, 2\}, \quad h(k) = \{-3, 4, -1\}$$

(1) 计算 $g(k)$ 和 $h(k)$ 的线性卷积 $y_L(k) = g(k) * h(k)$；

(2) 计算 $g(k)$ 和 $h(k)$ 的 6 点循环卷积 $y_{1C}(k) = g(k)⑥h(k)$；

(3) 计算 $g(k)$ 和 $h(k)$ 的 7 点循环卷积 $y_{2C}(k) = g(k)⑦h(k)$；

(4) 计算 $g(k)$ 和 $h(k)$ 的 8 点循环卷积 $y_{3C}(k)=g(k)\,⑧\,h(k)$；

(5) 比较以上结果,有何结论?

【解】 $(1)y_L(k)=\{-15,14,-9,17,-14,9,-2\}$

$(2)y_{1C}(k)=\{17,-14,9,-17,-14,9\}$

$(3)y_{2C}(k)=\{-15,14,-9,17,-14,9,-2\}$

$(4)y_{3C}(k)=\{-15,14,-9,17,-14,9,-2,0\}$

(5) 序列的循环卷积与序列的线性卷积存在内在联系,在一定条件下可以利用序列的循环卷积计算序列的线性卷积。

20. $X(k)$ 表示 12 点实序列 $x(n)$ 的 DFT。$X(k)$ 前 7 个点的值为

$X(0)=10,\quad X(1)=-5-4j,\quad X(2)=3-2j,\quad X(3)=1+3j,$

$X(4)=2+5j,\quad X(5)=6-2j,\quad X(6)=12$

不计算 IDFT,试确定下列表达式的值,并用 MATLAB 编程验证你的结论。

$(1)x(0)$ $(2)x(6)$ $(3)\displaystyle\sum_{n=0}^{11}x(n)$ $(4)\displaystyle\sum_{n=0}^{11}e^{j\frac{2\pi}{3}}x(n)$ $(5)\displaystyle\sum_{n=0}^{11}\mid x(n)\mid^2$

【解】 由 $X(k)=X^*(N-k)$ 可得

$X=[10,-5-4j,3-2j,1+3j,2+5j,6-2j,12,6+2j,2-5j,1-3j,3+2j,-5+4j]$

$(1)x(0)=\dfrac{1}{12}\displaystyle\sum_{k=0}^{11}X(k)=3$

$(2)x(6)=\dfrac{1}{12}\displaystyle\sum_{k=0}^{11}X(k)W_{12}^{6k}=\dfrac{1}{12}\displaystyle\sum_{k=0}^{11}(-1)^k X(k)=\dfrac{7}{3}$

$(3)\displaystyle\sum_{n=0}^{11}x(n)=X(0)=10$

$(4)\displaystyle\sum_{n=0}^{11}e^{j\frac{2\pi}{3}}x(n)=\Big(\displaystyle\sum_{n=0}^{11}W_{12}^{4n}x(n)\Big)^{*}=X^*(4)=2-5j$

$(5)\displaystyle\sum_{n=0}^{11}\mid x(n)\mid^2=\dfrac{1}{12}\displaystyle\sum_{k=0}^{11}\mid X(k)\mid^2=\dfrac{85}{2}$

MATLAB 编程验证略。

21. (1) 若 N 点序列 $x(n),0\leqslant n\leqslant N-1$, 其 N 点 DFT 为 $X(k)$。现构造一 $L\times N$ 点序列

$$y(n)=\begin{cases} x\Big(\dfrac{n}{L}\Big) & (n=0,L,\cdots,(N-1)L) \\ 0 & (\text{其他}) \end{cases}$$

L 是一个正整数,试用 $X(k)$ 表示 $y(n)$ 的 $L\times N$DFT。

(2) 一个 7 点序列 $x(n)$ 的 DFT 为 $x(n)=\{1,1,1,1,2,3,4\}$,试利用上述构造方法,求出

21 点序列 $y(n)$ 的 DFT。

【解】　(1) 序列 $y(n)$ 实际上就是序列 $x(n)$ 的 L 倍内插，由序列内插的定义，可得 L 倍内插 $y(n)$ 的 Z 变换 $Y(z)$ 为

$$Y(z) = \sum_{n=-\infty}^{\infty} y(n)z^{-n} = \sum_{\substack{n=-\infty \\ n \text{是} L \text{的整数倍}}}^{\infty} x\left(\frac{n}{L}\right)z^{-n} = \sum_{n=-\infty}^{\infty} y(n)z^{-nL} = X(z^L)$$

所以 L 倍内插序列 $y(n)$ 的频谱 $Y(\mathrm{e}^{\mathrm{j}\omega})$ 为

$$Y(\mathrm{e}^{\mathrm{j}\omega}) = X(\mathrm{e}^{\mathrm{j}L\omega})$$

将序列 $x(n)$ 的频谱 $X(\mathrm{e}^{\mathrm{j}\omega})$ 压缩 L 倍，即可得到 L 倍内插序列 $y(n)$ 的频谱 $Y(\mathrm{e}^{\mathrm{j}\omega})$。

由于序列的 DFT 是其频谱在 $[0,2\pi]$ 上的等间隔抽样，故 $Y(k)$ 是 $X(k)$ 的 L 次重复，即

$$Y(k) = X(k), \qquad k = 0,1,\cdots,N-1$$
$$Y(k+N) = X(k), \qquad k = 0,1,\cdots,N-1$$
$$\vdots$$
$$Y[k+(L-1)N] = X(k), \quad k = 0,1,\cdots,N-1$$

(2) 由 7 点序列 $x(n)$ 构造出 21 点序列 $y(n)$ 时，$L=3$，故有

$$Y(k) = \{1,1,1,1,2,3,4,1,1,1,1,2,3,4,1,1,1,1,2,3,4\}$$

22. 已知一实信号 $x(t)$，该信号的最高频率为 $\omega_{\mathrm{m}} = 200\ \mathrm{rad/s}$，用 $\omega_{\mathrm{sam}} = 600\ \mathrm{rad/s}$ 对 $x(t)$ 进行抽样。如对抽样信号做 1 024 点的 DFT，试确定 $X(k)$ 中 $k=128$ 和 $k=768$ 点分别对应的原连续信号的连续频谱点 ω_1 和 ω_2。

【解】　对连续信号 $x(t)$ 以 $\omega_{\mathrm{sam}} = 600\ \mathrm{rad/s}$ 进行抽样，得到离散序列 $x(n)$，由于满足时域抽样定理，抽样过程中没有出现混叠。在利用序列 $x(n)$ 的 DFT $X(k)$ 分析连续信号 $x(t)$ 的频谱 $X(\mathrm{j}\omega)$ 时，从 $X(k)$ 可以获得 $X(\mathrm{j}\omega)$ 的对应点频率。

当 $k=128$ 时，由于 $0 \leqslant k \leqslant \dfrac{N}{2}-1$，故有

$$\omega_1 = \frac{\omega_{\mathrm{sam}}}{N}k = \frac{600}{1\ 024} \times 128 = 75(\mathrm{rad/s})$$

当 $k=768$ 时，由于 $\dfrac{N}{2} \leqslant k \leqslant N-1$，故有

$$\omega_2 = \frac{\omega_{\mathrm{sam}}}{N}(k-N) = \frac{600}{1\ 024} \times (768 - 1\ 024) = -150(\mathrm{rad/s})$$

23. 画出 $N=4$ 基 2 时间抽取的 FFT 流图，并利用该流图计算序列 $x(n) = \{1,1,1,1\}$ 的 DFT。

【解】　$N=4$ 基 2 时间抽取的 FFT 流图如附图 16 所示。

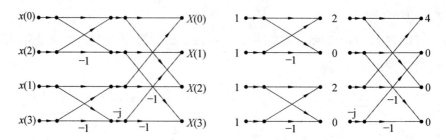

附图 16　题 23 FFT 流图

24.已知复序列 $y(n) = x_1(n) + jx_2(n)$ 的 8 点 DFT 为

$$Y(k) = \{1-3j, -2+4j, 3+7j, -4-5j, 2+5j, -1-2j, 4-8j, 6j\}$$

试确定序列 $x_1(n)$ 和 $x_2(n)$ 的 8 点 DFT $X_1(k)$ 和 $X_2(k)$,并由 $Y(k)$ 的 IDFT 验证。

【解】

$$X_1(k) = \frac{1}{2}\{Y(k) + Y^*[(-k)_8]\}$$

$$= \{1, -1-j, 3.5+7.5j, -2.5-1.5j, 2, -2.5+1.5j, 3.5-7.5j, -1+j\}$$

$$X_2(k) = \frac{1}{2j}\{Y(k) - Y^*[(-k)_8]\}$$

$$= \{-3, 5+j, -0.5+0.5j, -3.5+1.5j, 5, -3.5-1.5j, -0.5-0.5j, 5-j\}$$

由 $y(n) = \text{IDFT}\{Y(k)\} = x_1(n) + jx_2(n)$,可得

$$x_1(n) = \{0.375, -1.2929, -0.625, 1.9268, 2.125, -2.7071, -0.375, 1.5732\}$$

$$x_2(n) = \{0.500, -0.0643, 0.500, -2.8195, -0.250, -2.1857, 0.250, 1.0695\}$$

对 $x_1(n)$ 和 $x_2(n)$ 分别进行 DFT,即可验证 $X_1(k)$ 和 $X_2(k)$ 的结果。

25.若对模拟信号 $x(t)$ 进行频谱分析,其最高频率为 4 kHz,抽样频率为 10 kHz,而且计算 1 024 个抽样点的 DFT,试确定频谱抽样之间的频率间隔,以及第 129 根谱线 $X(128)$ 对应连续信号频谱的那个频率点值。

【解】　频率间隔 $\Delta f = \dfrac{f_{\text{sam}}}{N} = \dfrac{10^4}{1\,024} = 9.7656$ (Hz)

$X(128)$ 对应连续信号的频率为 $f_{128} = \dfrac{128 f_{\text{sam}}}{N} = 1\,250$ Hz。

26.已知某 4 点序列 $x(n)$ 的 DFT 为 $X(k) = \{1+2j, 2+3j, 3+4j, 4+5j\}$,试由 FFT 计算 $X(k)$ 的 IDFT $x(n)$,并通过 IFFT 验证计算结果。

【解】　由于

$$x(n) = \frac{1}{N}\left(\sum_{k=0}^{N-1} X^*(k) W_N^{nk}\right)^*$$

故由 FFT 计算 N 点 $X(k)$ 的 IDFT $x(n)$ 的过程为

$$X(k) \rightarrow X^*(k) \rightarrow \text{FFT} \rightarrow Nx^*(n) \rightarrow x(n)$$

根据 $X(k)$ 可得 $\qquad X^*(k)=\{1-2\mathrm{j},2-3\mathrm{j},3-4\mathrm{j},4-5\mathrm{j}\}$

对 $X^*(k)$ 进行 FFT 可得 $\quad 4x^*(n)=\{10-14\mathrm{j},4\mathrm{j},-2+2\mathrm{j},-4\}$

最后可得 $\qquad x(n)=\{2.5+3.5\mathrm{j},-\mathrm{j},0.5-0.5\mathrm{j},-1\}$

通过对 $X(k)$ 直接进行 IDFT 可以求得序列 $x(n)$,验证以上结果正确。

27. 设 $\mathrm{DFT}[x(n)]=X(k)$,求证:$\mathrm{DFT}[X(k)]=Nx(N-n)$。

【证明】 由逆离散傅里叶变换公式可知

$$x(n)=\mathrm{IDFT}[X(k)]=\frac{1}{N}\sum_{k=0}^{N-1}X(k)W_N^{-nk}$$

所以

$$Nx(N-n)=\sum_{k=0}^{N-1}X(k)W_N^{-(N-n)k}$$

由于 $W_N^{-Nk}=1$,故

$$W_N^{-(N-n)k}=W_N^{nk}$$

因此有

$$Nx(N-n)=\sum_{k=0}^{N-1}X(k)W_N^{nk}=\mathrm{DFT}[X(k)]$$

28. 已知两个序列:

$$x(n)=\delta(n)+3\delta(n-1)+3\delta(n-2)+2\delta(n-3)$$

$$h(n)=\delta(n)+\delta(n-1)+\delta(n-2)+\delta(n-3)$$

若 $Y(k)=X(k)H(k)$,其中 $X(k)$、$H(k)$ 分别是 $x(n)$ 和 $h(n)$ 的 5 点 DFT,对 $Y(k)$ 做 IDFT,得到序列 $y(n)$,求 $y(n)$。

【解】 由于 $X(k)=\mathrm{DFT}[x(n)]$,$H(k)=\mathrm{DFT}[h(n)]$,故

$$\mathrm{IDFT}[Y(k)]=\mathrm{IDFT}[X(k)H(k)]=x(n)\text{ⓝ}h(n),\ N=5$$

可知序列 $y(n)$ 实际上为 $x(n)$ 和 $h(n)$ 的 5 点循环卷积,先将它们补零至 5 点,则

$$x_\mathrm{p}(n)=\{1,3,3,2,0\}$$

$$h_\mathrm{p}(n)=\{1,1,1,0\}$$

相应的循环卷积为

$$y(0)=1\times1+3\times0+3\times1+2\times1+0\times1=6$$

$$y(1)=1\times1+3\times1+3\times0+2\times1+0\times1=6$$

$$y(2)=1\times1+3\times1+3\times1+2\times0+0\times1=7$$

$$y(3)=1\times1+3\times1+3\times1+2\times1+0\times0=9$$

$$y(4)=1\times0+3\times1+3\times1+2\times1+0\times1=8$$

所以有

$$y(n) = \{6, 6, 7, 9, 8\}$$

29.现有一序列 $x(n), N_1 \leqslant n \leqslant N_2(-\infty < N_1 < N_2 < +\infty)$，其 Z 变换为 $X(z)$；又有一有限长序列 $x_1(n), 0 \leqslant n \leqslant N-1$，且其 N 点 DFT 为 $X_1(k)$。若存在

$$X_1(k) = X(z)\big|_{z=W_N^{-k}} \quad (k = 0, 1, \cdots, N-1)$$

求序列 $x_1(n)$ 和 $x(n)$ 之间的关系。

【解】 利用序列 W_N^{nk} 的正交性；此外，由本题结论可进一步理解频域采样理论和 DFT 所具备的物理含义。

$$x_1(n) = \text{IDFT}[X_1(k)] = \frac{1}{N} \sum_{n=0}^{N-1} X_1(k) W_N^{-kn}$$

$$= \frac{1}{N} \sum_{n=0}^{N-1} X(z) W_N^{-kn}\bigg|_{z=W_N^{-k}} = \frac{1}{N} \sum_{k=0}^{N-1} \sum_{m=N_1}^{N_2} x(m) z^{-m} W_N^{-kn}\bigg|_{z=W_N^{-k}}$$

$$= \frac{1}{N} \sum_{m=N_1}^{N_2} x(m) \sum_{k=0}^{N-1} W_N^{-kn} W_N^{km}$$

$$= \frac{1}{N} \sum_{m=N_1}^{N_2} x(m) \sum_{k=0}^{N-1} W_N^{(m-n)k}$$

$$\sum_{n=0}^{N-1} W_N^{(m-n)k} = \begin{cases} N & (m-n = lN, l\ \text{为整数}) \\ 0 & (\text{其他}) \end{cases}$$

由上可得

$$x_1(n) = \sum_l \frac{1}{N} \cdot N \cdot x(n+lN) = \sum_l x(n+lN)$$

$$(0 \leqslant n \leqslant N-1, N_1 \leqslant n+lN \leqslant N_2)$$

30.设 $x(n)$ 为两点序列 $\{x(0), x(1)\}$，试求其 $X(k) = \text{DFT}[x(n)]$；然后在序列 $x(n)$ 后补两个零，使其成为四点序列 $x'(n)$，再求其 $X'(k) = \text{DFT}[x'(n)]$；从两者的 DFT 结果比较，显然有 $X(k) \neq X'(k)$，试作图解释这种现象。

【解】 根据

$$X(k) = \sum_{n=0}^{N-1} x(n) W_N^{nk} \quad (N=2)$$

可得

$$X(k) = \{x(0) + x(1), x(0) - x(1)\}$$

当 $x(n)$ 补零后变为 $x'(n) = \{x(0), x(1), 0, 0\}$，此时 $N=4$，同时有

$$X'(k) = \sum_{n=0}^{3} x'(n) e^{-j\frac{2\pi}{4}nk}$$

$$X'(0) = x(0) + x(1) = X(0)$$

$$X'(1) = x(0) - jx(1)$$

$$X'(2) = x(0) - x(1) = X(1)$$

$$X'(3) = x(0) + jx(1)$$

于是有 $X'(k) = \{X'(0), X'(1), X'(2), X'(3)\}$。

从以上分析可以看出,在 $x(n)$ 补零后,序列的傅里叶变换 DTFT 不变,即有 $X(e^{j\omega}) = X'(e^{j\omega})$;而 $X(k) = X(e^{j\omega})\big|_{\omega = \frac{2\pi}{N}k}$,$X(k)$ 实际上是在 $X(e^{j\omega})$ 上进行两点抽样,$X'(k)$ 是在 $X(e^{j\omega})$ 上进行 4 点抽样,如附图 17 所示。可见,抽样频率提高,抽样谱线变密,此时有 $X(k) \neq X'(k)$。

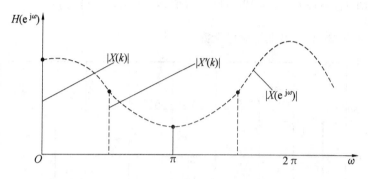

附图 17　题 30 抽样谱线

31.设抽样频率为 720 Hz 的时域抽样序列为

$$x(n) = \cos\left(\frac{\pi}{6}n\right) + 5\cos\left(\frac{\pi}{3}n\right) + 4\sin\left(\frac{\pi}{7}n\right)$$

对 $x(n)$ 做 72 点 DFT 运算。

(1)问所选 72 点截断是否能保证得到完整的周期序列?说明理由。

(2)是否会产生频谱泄漏?请粗略画出信号谱线,并做说明。

【解】　按离散周期序列的一个周期或其整数倍截断即可避免产生频谱的泄漏。

(1)考查各个频率分量信号,对 $\cos\left(\frac{\pi}{6}n\right)$,其周期为 $T_1 = \dfrac{2\pi}{\dfrac{\pi}{6}} = 12$。

对 $\cos\left(\frac{\pi}{3}n\right)$,其周期为 $T_2 = \dfrac{2\pi}{\dfrac{\pi}{3}} = 6$

对 $\sin\left(\frac{\pi}{7}n\right)$,其周期为 $T_3 = \dfrac{2\pi}{\dfrac{\pi}{7}} = 14$

因此序列的周期为 T_1、T_2 和 T_3 的最小公倍数,即 $T = 84$。

由此可知,如果对给定序列进行 72 点截断不能得到周期序列。

(2)由于时域的 $N = 72$ 点序列不是给定周期序列的周期整数倍,进行频谱分析时,其频谱的周期延拓不再是周期序列,因此一定会产生频谱泄漏。

将给定序列做 72 点 DFT 所得频谱如附图 18 所示。按 $f = \omega f_s / (2\pi)$,可求得 $x(n)$ 中的三个正弦信号频率分别为 51.4 Hz、60 Hz、120 Hz。由图可知,当 $k = 4$,即 $f_4 = 4f_s/72 =$

40 Hz 处有值。

当 $k=5$，即 $f_5=5f_s/72=50$ Hz 处有值，而 $\sin\left(\dfrac{\pi}{7}n\right)$ 的频率为 51.4 Hz。

当 $k=6$，即 $f_6=6f_s/72=60$ Hz 处有值，对应 $\cos\left(\dfrac{\pi}{6}n\right)$ 分量。

当 $k=12$，即 $f_{12}=12f_s/72=120$ Hz 处有值，对应 $\cos\left(\dfrac{\pi}{3}n\right)$ 分量。

所以说做 72 点 DFT 时出现了频谱泄漏。

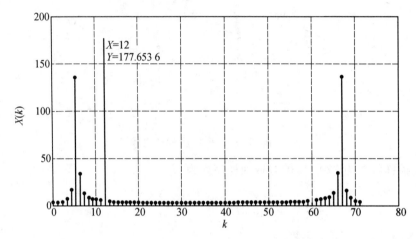

附图 18　题 31 72 点 DFT 频谱图

附 4　数字滤波器精选题解

1.某一低通滤波器的各种指标要求如下:

(1)模拟滤波器采用巴特沃斯滤波器,采用双线性变换法进行转换;

(2)当 $0\leqslant f\leqslant 2.5$ Hz 时,衰减小于 3 dB;

(3)当 $f\geqslant 50$ Hz 时,衰减大于或等于 40 dB;

(4)抽样频率 $f_s=200$ Hz。

试确定系统函数 $H(z)$,并求每级阶数不超过二阶的级联系统函数。

【解】　采用双线性变换法

$$\Omega=\frac{2}{T_s}\tan\frac{\omega}{2}=400\tan\frac{\omega}{2}$$

由指标得

$$20\lg\left|H_a\left(\mathrm{j}400\tan\frac{\pi}{80}\right)\right|\geqslant-3$$

$$20\lg\left|H_a\left(\mathrm{j}400\tan\frac{\pi}{4}\right)\right|\leqslant-40$$

又

$$|H_a(j\Omega)|^2 = \frac{1}{1+\left(\dfrac{\Omega}{\Omega_c}\right)^{2N}}$$

故

$$20\lg|H_a(j\Omega)| = -10\lg\left[1+\left(\frac{\Omega}{\Omega_c}\right)^{2N}\right]$$

因而

$$-10\lg\left|1+\left(\frac{j400\tan\dfrac{\pi}{80}}{\Omega_c}\right)^{2N}\right| \geqslant -3$$

$$-10\lg\left|1+\left(\frac{j400\tan\dfrac{\pi}{4}}{\Omega_c}\right)^{2N}\right| \leqslant -40$$

取等号计算,则有

$$1+[400\tan(\pi/80)/\Omega_c]^{2N} = 10^{0.3} \qquad\qquad (\text{附 } 7)$$

$$1+[400\tan(\pi/4)/\Omega_c]^{2N} = 10^4 \qquad\qquad (\text{附 } 8)$$

得

$$N = \frac{1}{2}\frac{\lg[(10^4-1)/(10^{0.3}-1)]}{\lg[1/\tan(\pi/80)]} = 1.42$$

取 $N=2$,代入式(附 7)使通带边界指标满足要求,可得

$$\Omega_c = 15.7$$

二阶归一化巴特沃斯滤波器为

$$H_a(p) = \frac{1}{p^2+1.414\ 213\ 6p+1}$$

代入 $p=s/\Omega_c$,求得

$$H_a(s) = \frac{246.5}{s^2+22.2s+246.5}$$

由双线性变换

$$H(z) = H_a(s)\big|_{s=400\frac{1-z^{-1}}{1+z^{-1}}}$$

$$= \frac{246.5\,(1+z^{-1})^2}{[400(1-z^{-1})]^2+22.2\times400(1-z^{-2})+246.5\,(1+z^{-1})^2}$$

$$= \frac{246.5(1+2z^{-1}+z^{-2})}{1.691\ 265\times10^5-3.195\ 07\times10^5z^{-1}+1.513\ 665\times10^5z^{-2}}$$

$$= \frac{1+2z^{-1}+z^{-2}}{686.11(1-1.889z^{-1}+0.895z^{-2})}$$

或者也可将 $N=2$ 代入式(附 8)中使阻带边界指标满足要求,可得

$$\Omega_c = 40$$

这样可得

$$H_a(s) = \frac{1\,600}{s^2 + 40\sqrt{2}\,s + 1\,600}$$

$$H(z) = \frac{1 + 2z^{-1} + z^{-2}}{86.9z^{-2} - 198z^{-1} + 115.14}$$

为了满足通带、阻带不同的指标要求，Ω_c 先后两次取不同的值，故得到不同的系统传输函数 $H(z)$，Ω_c 具体取值应看题目要求。

2.试用双线性变换法设计一低通数字滤波器，并满足如下技术指标：

(1) 通带和阻带都是频率的单调下降函数，而且没有起伏；

(2) 频率在 0.5π 处的衰减为 -3.01 dB；

(3) 频率在 0.75π 处的衰减至少为 15 dB。

【解】　根据题意，显然要先设计一个原型巴特沃斯低通滤波器。

(1) 利用 $T_s = 1$ 对技术要求频率先进行反畸变：

因为
$$\omega_p = 0.5\pi$$

所以
$$\Omega_p = \frac{2}{T_s}\tan\frac{\omega_p}{2} = 2\tan(0.25\pi) = 2.000$$

因为
$$\omega_s = 0.75\pi$$

所以
$$\Omega_s = \frac{2}{T_s}\tan\frac{\omega_s}{2} = 2\tan(0.375\pi) = 4.828$$

(2) 根据 Ω_p、Ω_s 处的技术要求设计模拟低通滤波器。

满足条件：
$$0 \geqslant 20\lg|H_a(j2)| \geqslant 3.01 \text{ dB} = k_1$$
$$20\lg|H_a(j2)| \leqslant -15 \text{ dB} = k_2$$

巴特沃斯低通滤波器阶次 N 为

$$N \geqslant \frac{\lg[(10^{0.301} - 1)/(10^{1.5} - 1)]}{2\lg(2/4.828)} = 1.941$$

所以选 $N = 2$。

滤波器的截止频率 Ω_c 为

$$\Omega_c = \frac{2.000}{(10^{0.301} - 1)^{1/4}} = 2$$

再查表可求得模拟滤波器的系数函数为

$$H_a(p) = \frac{1}{1 + \sqrt{2}\,p + p^2}\Big|_{p \to s/2} \to H_a(s) = \frac{4}{4 + 2\sqrt{2}\,s + s^2}$$

(3) 利用双线性变换公式将求得的 $H_a(s)$ 变换成 $H(z)$（$T_s = 1$）。

$$\frac{Y(z)}{X(z)} = H(z) = H_a(s) \mid_{s \to 2\frac{1-z^{-1}}{1+z^{-1}}} = \frac{1 + 2z^{-1} + z^{-2}}{3.414 + 0.586z^{-2}}$$

（4）用差分方程实现低通数字滤波器

$$Y(z)[3.414 + 0.586z^{-2}] = X(z)[1 + 2z^{-1} + z^{-2}]$$

所以

$$y(n) = 0.293[x(n) + 2x(n-1) + x(n-2)] - 0.172y(n-2)$$

3. 一个线性时不变因果系统由下列差分方程描述

$$y(n) = x(n) - x(n-1) - 0.5y(n-1)$$

（1）系统函数 $H(z)$，判断系统属于 FIR 和 IIR 中的哪一类以及它的滤波特性；

（2）若输入 $x(n) = 2\cos(0.5\pi n) + 5(n \geqslant 0)$，求系统稳态输出的最大幅值。

【解】　（1）根据题意，方程两边求 Z 变换得

$$Y(z) = X(z) - z^{-1}X(z) - 0.5z^{-1}Y(z)$$

$$H(z) = \frac{Y(z)}{X(z)} = \frac{1 - z^{-1}}{1 + 0.5z^{-1}}$$

因为从 $H(z) = \frac{Y(z)}{X(z)} = \frac{1 - z^{-1}}{1 + 0.5z^{-1}}$ 看到，它既有零点也有极点，所以它是 IIR（FIR 只有零点）。

$$H(j\omega) = \frac{1 - e^{-j\omega}}{1 + 0.5e^{-j\omega}}$$

可以由上式画出方程的幅频特性 $|H(j\omega)|$，得出这是一个高通滤波器（或者根据公式计算 $\omega = 0, \omega = \frac{\pi}{2}, \omega = \pi$ 三点时的 $|H(j\omega)|$ 基本就可以判断滤波特性了）。

（2）根据题意，$x(n) = 2\cos(0.5\pi n) + 5(n \geqslant 0)$，输入信号为一单频 $\left(\omega = \frac{\pi}{2}\right)$ 和一直流的合成，而直流成分会被高通滤波器滤除。

则当 $\omega = \frac{\pi}{2}$ 时

$$H(j\omega) \mid_{\omega=\frac{\pi}{2}} = \frac{1 - e^{-j\frac{\pi}{2}}}{1 + 0.5e^{-j\frac{\pi}{2}}} = \frac{1 - j}{1 + 0.5j} = \frac{2}{5} - \frac{6}{5}j$$

$$|H(j\omega)| \mid_{\omega=\frac{\pi}{2}} = \frac{2}{5}\sqrt{10}$$

系统输出的最大幅值在 $\omega = \frac{\pi}{2}$ 处，即

$$|Y(j\omega)| \mid_{max} = 2 \times \frac{2}{5}\sqrt{10} = \frac{4}{5}\sqrt{10}$$

4. 已知模拟滤波器的传输函数 $H_a(s)$ 为：

$$(1) H_a(s) = \frac{s+a}{(s+a)^2 + b^2}$$

$$(2) H_a(s) = \frac{b}{(s+a)^2 + b^2}$$

式中,a、b 为常数。设 $H_a(s)$ 因果稳定,试用冲激响应不变法将其转换成数字滤波器 $H(z)$。

【解】 设采样周期为 T_s。

(1)

$$H_a(s) = \frac{s+a}{(s+a)^2 + b^2}$$

$H_a(s)$ 的极点为

$$s_1 = -a + jb, \quad s_2 = -a - jb$$

将 $H_a(s)$ 用部分分式展开(用待定系数法):

$$H_a(s) = \frac{s+a}{(s+a)^2 + b^2} = \frac{A_1}{s-s_1} + \frac{A_2}{s-s_2}$$

$$= \frac{A_1(s-s_2) + A_2(s-s_1)}{(s+a)^2 + b^2}$$

$$= \frac{(A_1 + A_2)s - A_1 s_2 - A_2 s_1}{(s+a)^2 + b^2}$$

比较分子各项系数可知,A、B 应满足方程:

$$\begin{cases} A_1 + A_2 = 1 \\ -A_1 s_2 - A_2 s_1 = a \end{cases}$$

解之得,$A_1 = 1/2, A_2 = 1/2$,所以

$$H_a(s) = \frac{1/2}{s - (-a+jb)} + \frac{1/2}{s - (-a-jb)}$$

则

$$H(z) = \sum_{k=1}^{2} \frac{A_k}{1 - e^{s_k T_s} z^{-1}} = \frac{1/2}{1 - e^{(-a+jb)T_s} z^{-1}} + \frac{1/2}{1 - e^{(-a-jb)T_s} z^{-1}}$$

若想采用无复数乘法器的二阶基本结构实现,可将 $H(z)$ 的两项通分并化简整理,得

$$H(z) = \frac{1 - z^{-1} e^{-aT_s} \cos(bT_s)}{1 - 2e^{-aT_s} \cos(bT_s) z^{-1} + e^{-2aT_s} z^{-2}}$$

(2)

$$H_a(s) = \frac{b}{(s+a)^2 + b^2}$$

$H_a(s)$ 的极点为

$$s_1 = -a + jb, \quad s_2 = -a - jb$$

将 $H_a(s)$ 用部分分式展开：

$$H_a(s) = \frac{1/2j}{s - (-a - jb)} + \frac{-1/2j}{s - (-a + jb)}$$

$$H(z) = \frac{1/2j}{1 - e^{(-a-jb)T}z^{-1}} + \frac{-1/2j}{1 - e^{(-a+jb)T}z^{-1}}$$

通分并化简整理得

$$H(z) = \frac{z^{-1}e^{-aT_s}\sin(bT_s)}{1 - 2e^{-aT_s}\cos(bT_s)z^{-1} + e^{-2aT_s}z^{-2}}$$

5. 设计一个数字带通滤波器，通带范围为 $0.25\pi \sim 0.45\pi$ rad，通带内最大衰减为 3 dB，0.15π rad 以下和 0.55π rad 以上为阻带，阻带内最小衰减为 15 dB，采用巴特沃斯模拟低通滤波器。

【解】 (1) 确定数字带通滤波器技术指标：

$$\omega_u = 0.45\pi \ \text{rad}, \quad \omega_l = 0.25\pi \ \text{rad}$$

$$\omega_{s2} = 0.55\pi \ \text{rad}, \quad \omega_{s1} = 0.15\pi \ \text{rad}$$

通带内最大衰减 $A_p = 3$ dB，阻带内最小衰减 $A_s = 15$ dB。

(2) 确定相应模拟滤波器技术指标。为计算简单，设 $T_s = 2$ s。

$$\Omega_u = \frac{2}{T_s}\tan\frac{\omega_u}{2} = \tan 0.225\pi = 0.854\ 1 \ (\text{rad/s})$$

$$\Omega_l = \frac{2}{T_s}\tan\frac{\omega_l}{2} = \tan 0.125\pi = 0.414\ 2 \ (\text{rad/s})$$

$$\Omega_{s2} = \frac{2}{T_s}\tan\frac{\omega_{s2}}{2} = \tan 0.275\pi = 1.170\ 8 \ (\text{rad/s})$$

$$\Omega_{s1} = \frac{2}{T_s}\tan\frac{\omega_{s1}}{2} = \tan 0.075\pi = 0.240\ 1 \ (\text{rad/s})$$

通带中心频率

$$\Omega_0 = \sqrt{\Omega_u\Omega_l} = 0.594\ 8 \ \text{rad/s}$$

带宽

$$B = \Omega_u - \Omega_l = 0.439\ 9 \ \text{rad/s}$$

将以上边界频率对 B 归一化，得到相应归一化带通边界频率：

$$\eta_u = \frac{\Omega_u}{B} = 1.941\ 6, \quad \eta_l = \frac{\Omega_l}{B} = 0.941\ 6$$

$$\eta_{s2} = \frac{\Omega_{s2}}{B} = 2.661\ 5, \quad \eta_{s1} = \frac{\Omega_{s1}}{B} = 0.545\ 8$$

$$\eta_0 = \sqrt{\eta_u\eta_l} = 1.352\ 1$$

(3) 由归一化带通指标确定相应模拟归一化低通技术指标。

归一化阻带截止频率为

$$\lambda_s = \frac{\eta_{s2}^2 - \eta_0^2}{\eta_{s2}} = 1.974\ 6$$

归一化通带截止频率为

$$\lambda_p = 1$$

$$A_p = 3 \text{ dB}, \quad A_s = 15 \text{ dB}$$

(4) 设计模拟归一化低通 $G(p)$：

$$k_{sp} = \sqrt{\frac{10^{0.1A_p} - 1}{10^{0.1A_s} - 1}} = \sqrt{\frac{10^{0.8} - 1}{10^{1.8} - 1}} = 0.126\ 6$$

$$\lambda_{sp} = \frac{\lambda_s}{\lambda_p} = 1.974\ 6$$

$$N = -\frac{\lg k_{sp}}{\lg \lambda_{sp}} = -\frac{\lg 0.126\ 6}{\lg 1.974\ 6} = 3.04$$

取 $N = 3$，因为 3.04 很接近 3，所以取 $N = 3$ 基本满足要求，且系统简单。当然，在工程实际中，最后要进行指标检验，如果达不到要求，应取 $N = 4$。

查表得到归一化低通系统函数 $G(p)$ 为

$$G(p) = \frac{1}{p^3 + 2p^2 + 2p + 1}$$

(5) 频率互换，将 $G(p)$ 转换成模拟带通 $H_a(s)$：

$$H_a(s) = G(p)\Big|_{p = \frac{s^2 + \Omega_0^2}{sB}}$$

$$= \frac{B^3 s^3}{(s^2 + \Omega_0^2)^3 + 2(s^2 + \Omega_0^2)^2 sB + 2(s^2 + \Omega_0^2)s^2 B^2 + s^3 B^3}$$

$$= \frac{0.085 s^3}{s^6 + 0.879\ 8s^5 + 1.448\ 4s^4 + 0.707\ 6s^3 + 0.512\ 4s^2 + 0.110\ 1s + 0.044\ 3}$$

(6) 用双线性变换公式将 $H_a(s)$ 转换成 $H(z)$：

$$H(z) = H_a(s)\Big|_{s = \frac{2}{T_s} \frac{1-z^{-1}}{1+z^{-1}}}$$

$$= [0.018\ 1 + 1.776\ 4 \times 10^{-15} z^{-1} - 0.054\ 3z^{-2} - 4.440\ 9z^{-3} + 0.054\ 3z^{-4} -$$

$$2.775\ 6 \times 10^{-15} z^{-5} - 0.018\ 1z^{-6}][1 - 2.272z^{-1} + 3.515\ 1z^{-2} -$$

$$3.268\ 5z^{-3} + 2.312\ 9z^{-4} - 0.962\ 8z^{-5} + 0.278z^{-6}]^{-1}$$

6.(1) 设低通滤波器的单位冲激响应与频率特性分别为 $h(n)$ 和 $H(j\omega)$，如果另一个滤波器的单位冲激响应为 $h_1(n)$，它与 $h(n)$ 的关系是 $h_1(n) = (-1)^n h(n)$，试证明滤波器 $h_1(n)$ 是一个高通滤波器。

(2) 设低通滤波器的单位冲激响应与频率特性分别为 $h(n)$ 和 $H(j\omega)$，截止频率为 ω_c。如果另一个滤波器的单位冲激响应为 $h_2(n)$，它与 $h(n)$ 的关系是 $h_2(n) = 2h(n)\cos \omega_0 n$，且

$\omega_c < \omega_0 < (\pi - \omega_c)$，试证明滤波器 $h_2(n)$ 是一个带通滤波器。

【解】　（1）由题意可知

$$h_1(n) = (-1)^n h(n) = \cos(\pi n) h(n) = \frac{1}{2} \big[e^{j\pi n} + e^{-j\pi n} \big] h(n)$$

对 $h_1(n)$ 进行傅里叶变换得到

$$
\begin{aligned}
H_1(j\omega) &= \sum_{n=-\infty}^{\infty} h_1 e^{-j\omega n} = \frac{1}{2} \sum_{n=-\infty}^{\infty} h(n) \big[e^{j\pi n} + e^{-j\pi n} \big] e^{-j\omega n} \\
&= \frac{1}{2} \Big[\sum_{n=-\infty}^{\infty} h(n) e^{-j(\omega-\pi)n} + \sum_{n=-\infty}^{\infty} h(n) e^{-j(\omega+\pi)n} \Big] \\
&= \frac{1}{2} \{ H[j(\omega-\pi)] + H[j(\omega+\pi)] \}
\end{aligned}
$$

上式说明 $H_1(j\omega)$ 就是 $H(j\omega)$ 平移 $\pm \pi$ 的结果。由于 $H(j\omega)$ 为低通滤波器，通带位于 $\omega = 0$ 附近邻域，因而 $H_1(j\omega)$ 的通带位于 $\omega = \pm \pi$ 附近，即 $h_1(n)$ 是一个高通滤波器。

这一结论又为我们提供了一种设计高通滤波器的方法（设高通滤波器通带为 $[\pi - \omega_c, \pi]$）：

（a）设计一个截止频率为 ω_c 的低通滤波器 $h_{LP}(n)$。

（b）对 $h_{LP}(n)$ 乘以 $\cos(\pi n)$ 即可得到高通滤波器 $h_{HP}(n) = h_{LP}(n)\cos(\pi n) = (-1)^n h_{LP}(n)$。

（2）与（1）同样道理，代入 $h_2(n) = 2h(n)\cos \omega_c n$ 可得

$$H_2(j\omega) = H[j(\omega - \omega_0)] + H[j(\omega + \omega_0)]$$

因为低通滤波器 $H(j\omega)$ 通带中心位于 $\omega = 2k\pi$，且 $H_2(j\omega)$ 为 $H(j\omega)$ 左右平移 ω_0，所以 $H_2(j\omega)$ 的通带中心位于 $\omega = (2k\pi \pm \omega_0)$ 处，$h_2(n)$ 具有带通特性。这一结论又为我们提供了一种设计带通滤波器的方法。

7. 设某 FIR 数字滤波器的系统函数为

$$H(z) = \frac{1}{5}(1 + 3z^{-1} + 5z^{-2} + 3z^{-3} + z^{-4})$$

试画出此滤波器的线性相位结构。

【解】　由题中所给的条件可知

$$h(n) = \frac{1}{5}\delta(n) + \frac{3}{5}\delta(n-1) + \delta(n-2) + \frac{3}{5}\delta(n-3) + \frac{1}{5}\delta(n-4)$$

则

$$h(0) = h(4) = \frac{1}{5} = 0.2$$

$$h(1) = h(3) = \frac{3}{5} = 0.6$$

$$h(2) = 1$$

即 $h(n)$ 是偶对称, 对称中心在 $n = \dfrac{N-1}{2} = 2$ 处, N 为奇数 ($N = 5$)。

线性相位结构如附图 19 所示。

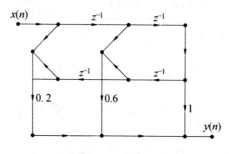

附图 19　题 7 图

8. 如果一个线性相位带通滤波器的频率响应为

$$H_{BP}(j\omega) = H_{BP}(\omega) e^{j\varphi(\omega)}$$

(1) 试证明一个线性相位带阻滤波器可以表示成

$$H_{BP}(j\omega) = [1 - H_{BP}(\omega)] \cdot e^{j\varphi(\omega)} \quad (0 \leqslant \omega \leqslant \pi)$$

(2) 试用带通滤波器的单位冲激响应 $h_{BP}(n)$ 来表达带阻滤波器的单位冲激响应 $h_{BR}(n)$。

【解】 (1) 由于 $H_{BP}(j\omega) = H_{BP}(\omega) e^{j\varphi(\omega)}$, 且是线性相位带通滤波器, 则

$$H_{BP}(\omega) = \begin{cases} 0 & (0 \leqslant \omega < \omega_0 - \omega_c, \omega_0 + \omega_c < \omega \leqslant \pi) \\ 1 & (-\omega_c \leqslant \omega - \omega_0 \leqslant \omega_c) \end{cases}$$

且 $\varphi(\omega)$ 也是线性相位, 又因为 $H_{BR}(j\omega) = H_{BR}(\omega) e^{j\varphi(\omega)}$, 因而

$$H_{BR}(\omega) = 1 - H_{BP}(\omega)$$

$$H_{BR}(\omega) = \begin{cases} 1 & (0 \leqslant \omega < \omega_0 - \omega_c, \omega_0 + \omega_c < \omega \leqslant \pi) \\ 0 & (-\omega_c \leqslant \omega - \omega_0 \leqslant \omega_c) \end{cases}$$

所以带阻滤波器可以表示成

$$H_{BP}(j\omega) = [1 - H_{BP}(\omega)] e^{j\varphi(\omega)}$$

(2) 由题意可得

$$h_{BP}(n) = \frac{1}{2\pi} \int_{-\pi}^{\pi} H_{BP}(j\omega) e^{j\omega n} d\omega$$

可推出

$$h_{BR}(n) = \frac{1}{2\pi} \int_{-\pi}^{\pi} [1 - H_{BP}(\omega)] e^{j\varphi(\omega)} e^{j\omega n} d\omega = \frac{1}{2\pi} \int_{-\pi}^{\pi} e^{j[\varphi(n) + \omega n]} d\omega - h_{BP}(n)$$

考虑到 $\varphi(\omega)$ 的线性特性, 有如下结论:

(a) 当 $\varphi(\omega) = -\dfrac{N-1}{2}\omega$ 时, 有

$$h_{BR}(n) = \frac{1}{2\pi} \cdot \frac{2\sin(\varphi(\pi) + \pi n)}{[\varphi(\omega) + n]} - h_{BP}(n)$$

$$= \frac{\sin\left[\left(-\dfrac{N-1}{2} + n\right)\pi\right]}{\pi\left(n - \dfrac{N-1}{2}\right)} - h_{BP}(n)$$

$$= \begin{cases} \dfrac{(-1)^{n+1}\sin\left[\left(\dfrac{N-1}{2}\right)\pi\right]}{\pi\left(n - \dfrac{N-1}{2}\right)} - h_{BP}(n) & (N = 偶数) \\[4mm] - h_{BP}(n) & (N = 奇数) \end{cases}$$

(b) 当 $\varphi(\omega) = -\dfrac{N-1}{2}\omega + \dfrac{\pi}{2}$ 时,有

$$h_{BR}(n) = \begin{cases} \dfrac{j(-1)^{n+1}\sin\left[\left(\dfrac{N-1}{2}\right)\pi\right]}{\pi\left(n - \dfrac{N-1}{2}\right)} - h_{BP}(n) & (N = 偶数) \\[4mm] - h_{BP}(n) & (N = 奇数) \end{cases}$$

9.已知附图 20(a) 中的 $h_1(n)$ 是偶对称序列 $N=8$,附图 20(b) 中的 $h_2(n)$ 是 $h_1(n)$ 循环位移(移 $\dfrac{N}{2}=4$)后的序列。设

$$H_1(k) = \text{DFT}[h_1(n)], \quad H_2(k) = \text{DFT}[h_2(n)]$$

(1)问 $|H_1(k)| = |H_2(k)|$ 成立否? $\theta_1(k)$ 和 $\theta_2(k)$ 有什么关系?

(2)$h_1(n)$、$h_2(n)$ 各构成一个低通滤波器,试问它们是否是线性相位的? 延时是多少?

(3)这两个滤波器的性能是否相同? 为什么? 若不同,谁优谁劣?

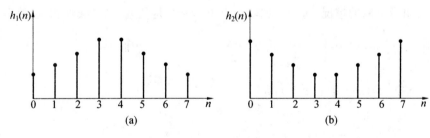

附图 20　题 9 图一

【解】　(1)根据题意可知

$$h_2(\langle n\rangle_8) = h_1(\langle n-4\rangle_8)$$

则

$$H_2(k) = \sum_{n=0}^{7} h_1(\langle n-4\rangle_8) W_8^{nk} R_8(n)$$

$$= \sum_{i=-4}^{3} h_p(i) W_8^{ik} W_8^{4k} = W_8^{4k} \sum_{i=0}^{7} h_p(i) W_8^{ik} = H_1(k) W_8^{4k}$$

由上式可以看出

$$|H_1(k)| = |H_2(k)|, \quad \theta_2(k) = \theta_1(k) - \frac{2\pi}{8} \times 4k = \theta_1(k) - k\pi$$

(2)$h_1(n)$、$h_2(n)$ 各构成一个低通滤波器时,由于都满足偶对称,因此都是线性相位。延时为

$$\alpha = \frac{N-1}{2} = \frac{7}{2} = 3.5$$

(3) 由于

$$h_2(n) = h_1((n-4))_8 R_8(n)$$

故

$$H_2(k) = e^{-j\frac{2\pi}{8}k \cdot 4} H_1(k) = e^{-jk\pi} H_1(k) = (-1)^k H_1(k)$$

(a) 令

$$H_1(k) = e^{j\theta_1(k)} |H_1(k)|$$

$$H_2(k) = e^{j\theta_2(k)} |H_2(k)|$$

则

$$|H_1(k)| = |H_2(k)|, \quad \theta_2(k) = \theta_1(k) - k\pi$$

(b)$h_1(n)$、$h_2(n)$ 都是以 $n = (N-1)/2 = 3.5$ 为对称中心的偶对称序列,故以它们构成的两个低通滤波器都是线性相位的,延迟为 $\tau = (N-1)/2$。

(c) 要知两个滤波器的性能,必须求出它们各自的频率响应的幅度函数,根据它们的通带起伏以及阻带衰减的情况,来加以比较。由于 $N = 8$ 是偶数,又是线性相位,故有

$$\begin{aligned} H(\omega) &= \sum_{n=0}^{N/2-1} 2h(n) \cos\left[\left(\frac{N-1}{2} - n\right)\omega\right] \\ &= \sum_{n=0}^{3} 2h(n) \cos\left[\left(\frac{7}{2} - n\right)\omega\right] \\ &= \sum_{n=1}^{N/2} 2h\left(\frac{N}{2} - n\right) \cos\left[\left(n - \frac{1}{2}\right)\omega\right] \\ &= \sum_{n=1}^{4} 2h(4-n) \cos\left[\left(n - \frac{1}{2}\right)\omega\right] \\ &= 2[h(3)\cos(\omega/2) + h(2)\cos(3\omega/2) + h(1)\cos(5\omega/2) + h(0)\cos(7\omega/2)] \end{aligned}$$

可以令

$$h_1(0) = h_1(7) = 1, \quad h_1(1) = h_1(6) = 2$$

$$h_1(2) = h_1(5) = 3, \quad h_1(3) = h_1(4) = 4$$

及

$$h_2(0) = h_2(7) = 4, \quad h_2(1) = h_2(6) = 3$$
$$h_2(2) = h_2(5) = 2, \quad h_2(3) = h_2(4) = 1$$

代入可得

$$H_1(\omega) = 2[4\cos(\omega/2) + 3\cos(3\omega/2) + 2\cos(5\omega/2) + \cos(7\omega/2)]$$
$$H_2(\omega) = 2[\cos(\omega/2) + 2\cos(3\omega/2) + 3\cos(5\omega/2) + 4\cos(7\omega/2)]$$

$H_1(\omega)$ 及 $H_2(\omega)$ 的图形如附图 21 所示。

　　根据附图 21，从阻带看，$H_1(\omega)$ 的阻带衰减大，而 $H_2(\omega)$ 的阻带衰减小，这一点 $H_1(\omega)$ 优于 $H_2(\omega)$；从通带看，它们都是平滑衰减，但 $H_1(\omega)$ 的通带较之 $H_2(\omega)$ 的通带要宽一些。

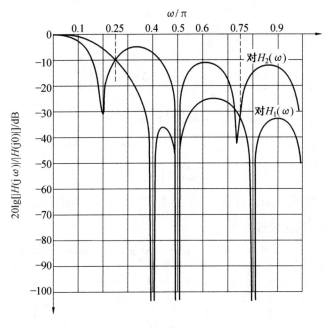

附图 21　题 9 图二

10. 设计第一类线性相位 FIR 高通数字滤波器，3 dB 截止频率 $\omega_c = \left(\dfrac{3\pi}{4} \pm \dfrac{\pi}{16}\right)$ rad，阻带最小衰减 $\alpha_s = 50$ dB，过渡带宽 $\Delta\omega = \dfrac{\pi}{16}$。用窗函数法设计。

　　【解】　根据设计要求，N 必须取奇数（情况 1 可以设计任何滤波特性）。

（1）确定逼近理想高通频响函数 $H_d(j\omega)$：

$$H_d(j\omega) = \begin{cases} e^{-j\omega\alpha} & (\omega_c \leqslant |\omega| \leqslant \pi) \\ 0 & (0 \leqslant \omega \leqslant \omega_c) \end{cases}$$

（2）求 $h_d(n)$：

$$h_d(n) = \frac{1}{2\pi}\int_{-\pi}^{\pi} H_d(j\omega)e^{j\omega n}\,d\omega$$

$$= \frac{1}{2\pi}\left[\int_{-\pi}^{-\omega_c} e^{-j\omega\alpha}e^{j\omega n}\,d\omega + \int_{\omega_c}^{\pi} e^{-j\omega\alpha}e^{j\omega n}\,d\omega\right]$$

$$= \frac{1}{\pi(n-\alpha)}\left[\sin(\pi(n-\alpha)) - \sin(\omega_c(n-\alpha))\right]$$

其中 $\alpha = (N-1)/2$。

（3）选择窗函数类型,估算窗函数长度 N:根据阻带最小衰减 $\alpha_s = 50\ \text{dB}$,查表,选择海明窗。表中给出的用海明窗设计的滤波器过渡带宽为 $6.6\pi/N$,本题要求过渡带宽度 $\Delta\omega = \pi/16$,所以应满足 $\pi/16 = 6.6\pi/N, N = 105.6$。但 N 应为整数且必须取奇数,故 $N = 107$。

（4）加窗计算 $h(n) = h_d(n) * \omega(n)$:海明窗表达式为

$$\omega_{\text{Hm}}(n) = \left[0.54 - 0.46\cos\left(\frac{2\pi n}{N-1}\right)\right]R_N(n)$$

代入 $N = 107, \alpha = \dfrac{N-1}{2} = 53, \omega_c = \dfrac{3\pi}{4}$,得到

$$h(n) = \frac{1}{\pi(n-53)}\left[\sin(\pi(n-53)) - \sin\left(\frac{3\pi}{4}(n-53)\right)\right]\cdot$$

$$\left[0.54 - 0.46\cos\left(\frac{\pi n}{53}\right)\right]R_{107}(n)$$

（5）检验设计结果:

$$H(j\omega) = \text{FT}[h(n)]$$

调用 MATLAB 函数 fft。计算 $h(n)$ 的 1 024 点 DFT,绘出 $20\lg|H(j\omega)|$ 曲线如附图 22 所示。由图可见,满足设计要求。

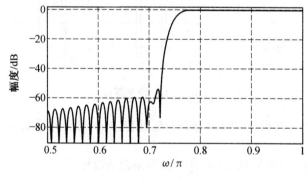

附图 22　题 10 图

11. 设 FIR 滤波器的系统函数为

$$H(z) = \frac{1}{10}(1 + 0.9z^{-1} + 2.1z^{-2} + 0.9z^{-3} + z^{-4})$$

求出该滤波器的单位冲激响应 $h(n)$,判断是否具有线性相位;求出其幅度特性和相位特性,并画出其直接型结构和线性相位型结构。

【解】　对 FIR 数字滤波器,其系统函数为

$$H(z) = \sum_{n=0}^{N-1} h(n) z^{-n} = \frac{1}{10}(1 + 0.9z^{-1} + 2.1z^{-2} + 0.9z^{-3} + z^{-4})$$

所以，其单位脉冲响应为

$$h(n) = \frac{1}{10}\{1, 0.9, 2.1, 0.9, 1\}$$

由 $h(n)$ 的取值可知 $h(n)$ 满足

$$h(n) = h(N-1-n), \quad N = 5$$

所以，该 FIR 滤波器具有第一类线性相位特性。

设其频率响应函数 $H(j\omega)$ 为

$$H(j\omega) = H_g(\omega) e^{j\theta(\omega)} = \sum_{n=0}^{N-1} h(n) e^{-j\omega n}$$

$$= \frac{1}{10}(1 + 0.9e^{-j\omega} + 2.1e^{-j2\omega} + 0.9e^{-j3\omega} + e^{-j4\omega})$$

$$= \frac{1}{10}(e^{j2\omega} + 0.9e^{j\omega} + 2.1 + 0.9e^{-j\omega} + e^{-j2\omega}) e^{-j2\omega}$$

$$= \frac{1}{10}(2.1 + 1.8\cos\omega + 2\cos 2\omega) e^{-j2\omega}$$

幅度特性函数为

$$H_g(\omega) = \frac{2.1 + 1.8\cos\omega + 2\cos 2\omega}{10}$$

相位特性函数为

$$\theta(\omega) = -\omega \frac{N-1}{2} = -2\omega$$

由 $h(n)$ 画出直接型结构和线性相位型结构分别如附图 23(a) 和附图 23(b) 所示。幅频曲线如附图 23(c) 所示。

12. 用矩形窗设计一线性相位高通滤波器，逼近滤波器传输函数 $H_d(j\omega)$ 为

$$H_d(j\omega) = \begin{cases} e^{-j\omega\alpha} & (\omega_c \leqslant |\omega| \leqslant \pi) \\ 0 & (其他) \end{cases}$$

(1) 求出该理想高通的单位取样响应 $h_d(n)$；

(2) 写出用矩形窗设计法的 $h(n)$ 的表达式，确定 α 与 N 的关系；

(3) N 的取值有什么限制？为什么？

【解】　(1) 直接用 $\mathrm{IFT}[H_d(j\omega)]$ 计算：

$$h_d(n) = \frac{1}{2\pi} \int_{-\pi}^{\pi} H_d(j\omega) e^{j\omega n} d\omega$$

$$= \frac{1}{2\pi} \left[\int_{-\pi}^{-\omega_c} e^{-j\omega\alpha} e^{j\omega n} d\omega + \int_{-\omega_c}^{\pi} e^{-j\omega\alpha} e^{j\omega n} d\omega \right]$$

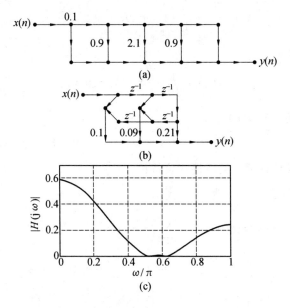

附图 23　题 11 图

$$= \frac{1}{2\pi} \left[\int_{-\pi}^{-\omega_c} e^{j\omega(n-\alpha)} \, d\omega + \int_{\omega_c}^{\pi} e^{j\omega(n-\alpha)} \, d\omega \right]$$

$$= \frac{1}{2\pi j(n-\alpha)} \left[e^{-j\omega_c(n-\alpha)} - e^{-j\pi(n-\alpha)} + e^{j\pi(n-\alpha)} - e^{j\omega_c(n-\alpha)} \right]$$

$$= \frac{1}{\pi(n-\alpha)} \left\{ \sin[\pi(n-\alpha)] - \sin[\omega_c(n-\alpha)] \right\}$$

$$= \delta(n-\alpha) - \frac{\sin[\omega_c(n-\alpha)]}{\pi(n-\alpha)}$$

$h_d(n)$ 表达式中第 2 项 $\left(\dfrac{\sin[\omega_c(n-\alpha)]}{\pi(n-\alpha)} \right)$ 正好是截止频率为 ω_c 的理想低通滤波器的单位脉冲响应。而 $\delta(n-\alpha)$ 对应于一个线性相位全通滤波器：

$$H_{dap}(j\omega) = e^{-j\omega\alpha}$$

即高通滤波器可由全通滤波器减去低通滤波器实现。

（2）用 N 表示 $h(n)$ 长度，则

$$h(n) = h_d(n) R_N(n) = \left\{ \delta(n-\alpha) - \frac{\sin[\omega_c(n-\alpha)]}{\pi(n-\alpha)} \right\} R_N(n)$$

为了满足线性相位条件：

$$h(n) = h(N-1-n)$$

要求 α 满足 $\alpha = \dfrac{N-1}{2}$。

（3）N 必须取奇数。因为 N 为偶数时（情况 2），$H(j\pi) = 0$，不能实现高通。

13.理想带通特性为

$$H_d(j\omega)=\begin{cases}e^{-j\omega\alpha} & (\omega_c\leqslant|\omega|\leqslant\omega_c+B)\\0 & (|\omega|\leqslant\omega_c,\omega_c+B<|\omega|\leqslant\pi)\end{cases}$$

其幅度特性$|H_d(\omega)|$如附图 24 所示。

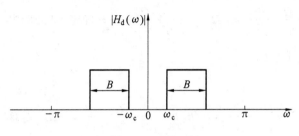

附图 24　题 13 图

(1) 求出该理想带通的单位脉冲响应 $h_d(n)$；

(2) 写出用升余弦窗设计的滤波器 $h(n)$，确定 N 与 α 之间的关系；

(3) N 的取值是否有限制？为什么？

【解】　(1)

$$\begin{aligned}h_d(n)&=\frac{1}{2\pi}\int_{-\pi}^{\pi}H_d(j\omega)e^{j\omega n}d\omega\\&=\frac{1}{2\pi}\left[\int_{-(\omega_c+B)}^{-\omega_c}e^{-j\omega\alpha}e^{j\omega n}d\omega+\int_{\omega_c}^{\omega_c+B}e^{-j\omega\alpha}e^{j\omega n}d\omega\right]\\&=\frac{\sin[(\omega_c+B)(n-\alpha)]}{\pi(n-\alpha)}-\frac{\sin[\omega_c(n-\alpha)]}{\pi(n-\alpha)}\end{aligned}$$

上式第一项和第二项分别为截止频率 ω_c+B 和 ω_c 的理想低通滤波器的单位脉冲响应，所以，上面 $h_d(n)$ 的表达式说明,带通滤波器可由两个低通滤波器相减实现。

(2)

$$h(n)=h_d(n)\cdot\omega(n)$$

$$=\begin{cases}\left\{\dfrac{\sin[(\omega_c+B)(n-\alpha)]}{\pi(n-\alpha)}-\dfrac{\sin[\omega_c(n-\alpha)]}{\pi(n-\alpha)}\right\}\left[0.54-0.46\cos\left(\dfrac{2\pi n}{N-1}\right)\right]\\\qquad(0\leqslant n\leqslant N-1)\\0\quad(其他)\end{cases}$$

为了满足线性相位条件,α 与 N 应满足

$$\alpha=\frac{N-1}{2}$$

实质上,即使不要求线性相位,α 也应满足该关系,只有这样,才能截取 $h_d(n)$ 的主要能量,使引起的误差最小。

(3) 对 N 取值无限制。因为 N 取奇数和偶数时,均可实现带通滤波。

14. 已知 Butterworth(巴特沃思) 滤波器的阶数由

$$N \geqslant \frac{\lg\dfrac{10^{0.1A_p} - 1}{10^{0.1A_s} - 1}}{2\lg\dfrac{\Omega_p}{\Omega_s}}$$

确定。若 Ω_c 由 $\dfrac{\Omega_p}{(10^{0.1A_p} - 1)^{\frac{1}{2N}}} \leqslant \Omega_c \leqslant \dfrac{\Omega_s}{(10^{0.1A_s} - 1)^{\frac{1}{2N}}}$ 确定,试证明 Butterworth 滤波器在

通带和阻带均满足技术指标。

【证明】

$$\Omega_{c1} = \frac{\Omega_p}{(10^{0.1A_p} - 1)^{\frac{1}{2N}}}, \quad \Omega_{c2} = \frac{\Omega_s}{(10^{0.1A_s} - 1)^{\frac{1}{2N}}}, \quad \Omega_{c1} \leqslant \Omega_{c3} \leqslant \Omega_{c2}$$

记

$$A(\Omega;\Omega_c) = -10\lg |H(\mathrm{j}\Omega)|^2 = 10\lg\left(1 + \left(\frac{\Omega}{\Omega_c}\right)^{2N}\right)$$

由上式可知,$A(\Omega;\Omega_c)$ 是关于变量 $\dfrac{\Omega}{\Omega_c}$ 的单调递增函数。由于 $A(\Omega;\Omega_c)$ 满足

$$A(\Omega_p;\Omega_{c1}) = A_p, \quad A(\Omega_s,\Omega_{c1}) \geqslant A_s$$

$$A(\Omega_p;\Omega_{c2}) \leqslant A_p, \quad A(\Omega_s;\Omega_{c2}) = A_s$$

且存在 $\Omega_{c1} \leqslant \Omega_{c3}$,所以

$$\frac{\Omega_p}{\Omega_{c3}} \leqslant \frac{\Omega_p}{\Omega_{c1}}$$

由 $A(\Omega;\Omega_c)$ 的单调递增性及 $A(\Omega_p;\Omega_{c1}) = A_p$ 可得

$$A(\Omega_p;\Omega_{c3}) \leqslant A_p$$

由于 $\Omega_{c3} \leqslant \Omega_{c2}$,所以

$$\frac{\Omega_s}{\Omega_{c2}} \leqslant \frac{\Omega_s}{\Omega_{c3}}$$

由 $A(\Omega;\Omega_c)$ 的单调递增性及 $A(\Omega_s;\Omega_{c2}) = A_s$ 可得

$$A(\Omega_s;\Omega_{c3}) \geqslant A_s$$

15. 为获取数字音乐信号,用 48 kHz 对模拟信号进行抽样。为了减少混叠,在抽样前用
模拟抗混叠滤波器进行滤波。滤波器的指标为

$$f_p = 19\ \text{kHz}, \quad f_s = 24\ \text{kHz}, \quad \delta_p = 0.05, \quad \delta_s = 10^{-4}$$

由于音乐信号的能量是随频率的增加而衰减的,所以要求抗混叠滤波器在通带的幅度
响应是单调下降的。若采用 Butterworth 滤波器,试确定滤波器的参数 (N, Ω_c)。

【解】 该滤波器为模拟低通 Butterworth 滤波器。

$$A_p = -20\lg(1 - \delta_p) = 0.445\ 5\ \text{dB}$$

$$A_s = -20\lg(\delta_s) = 80.0\ \text{dB}$$

Butterworth 滤波器

$$N \geqslant \frac{\lg\dfrac{10^{0.1A_p}-1}{10^{0.1A_s}-1}}{2\lg\dfrac{\Omega_p}{\Omega_s}} \approx 44.2$$

选取 $N_{BW}=45$。

$$\Omega_c = \frac{\Omega_p}{(10^{0.1A_p}-1)^{\frac{1}{2N_{BW}}}} = 1.224\,2 \times 10^5\,\mathrm{rad/s}$$

16.利用冲激响应不变法,将下列模拟滤波器转换为数字滤波器,设 $T=2\,\mathrm{s}$。

(1) $H_1(s) = \dfrac{\lambda}{(s+\beta)^2+\lambda^2}$

(2) $H_2(s) = \dfrac{s+\beta}{(s+\beta)^2+\lambda^2}$

(3) $H_3(s) = \dfrac{Cs+D}{(s+\beta)^2+\lambda^2}$

【解】　(1) 由部分分式展开可得

$$\frac{\lambda}{(s+\beta)^2+\lambda^2} = \frac{1}{2j}\left(\frac{1}{s+\beta-j\lambda} - \frac{1}{s+\beta+j\lambda}\right)$$

由于存在

$$\frac{1}{s+p_i} \rightarrow \frac{1}{1-e^{-p_i T}z^{-1}}$$

因此可得

$$H_1(z) = \frac{T}{2j}\left(\frac{1}{1-e^{-(\beta+j\lambda)T}z^{-1}} - \frac{1}{1-e^{-(\beta-j\lambda)T}z^{-1}}\right)$$

$$= \frac{Te^{-\beta T}\sin(\lambda T)z^{-1}}{1-2e^{-\beta T}\cos(\lambda T)z^{-1}+e^{-2\beta T}z^{-2}}$$

$$\frac{s+\beta}{(s+\beta)^2+\lambda^2} = \frac{1}{2}\left(\frac{1}{s+\beta-j\lambda} + \frac{1}{s+\beta+j\lambda}\right)$$

(2)　　　　$$H_2(z) = \frac{T}{2}\left(\frac{1}{1-e^{-(\beta+j\lambda)T}z^{-1}} + \frac{1}{1-e^{-(\beta-j\lambda)T}z^{-1}}\right)$$

$$= \frac{T[1-e^{-\beta T}\cos(\lambda T)z^{-1}]}{1-2e^{-\beta T}\cos(\lambda T)z^{-1}+e^{-2\beta T}z^{-2}}$$

(3) 由于

$$H_3(s) = \frac{C(s+\beta)+(D-\beta C)}{(s+\beta)^2+\lambda^2} = CH_2(s) + \frac{D-\beta C}{\lambda}H_1(s)$$

利用(1)和(2)的结论可得

$$H_3(z) = CH_2(z) + [(D-\beta C)/\lambda]H_1(z)$$

$$= \frac{TC + Te^{-\beta t}\left[\frac{D-\beta C}{\lambda}\sin(\lambda T) - C\cos(\lambda T)\right]z^{-1}}{1 - 2e^{-\beta T}\cos(\lambda T)z^{-1} + e^{-2\beta T}z^{-2}}$$

17. 利用模拟 Butterworth 低通滤波器和冲激响应不变法，设计一个满足下列条件的数字低通滤波器：

$$\frac{1}{\sqrt{2}} \leqslant |H(e^{j\omega})| \leqslant 1 \quad (0 \leqslant \omega \leqslant 0.2\pi)$$

$$|H(e^{j\omega})| \leqslant 0.2 \quad (0.6\pi \leqslant \omega \leqslant \pi)$$

【解】 取 $T=1$。

(1) 模拟低通滤波器的设计指标为

$$\Omega_p = \frac{\omega_p}{T} = 0.2\pi \text{ rad/s}, \quad \Omega_s = \frac{\omega_s}{T} = 0.6\pi \text{ rad/s}$$

$$A_p = -20\lg\left(\frac{1}{\sqrt{2}}\right) = 3.0 \text{ dB}, \quad A_s = -20\lg(0.2) = 13.98 \text{ dB}$$

(2) 设计模拟低通滤波器

$$N \geqslant \frac{\lg\left(\frac{10^{0.1A_p} - 1}{10^{0.1A_s} - 1}\right)}{2\lg\left(\frac{\Omega_p}{\Omega_s}\right)} \approx 1.45$$

选取 $N=2$。由于在 Ω_p 处衰减是 3 dB，所以 Ω_p 与 Ω_c 恰好相等，即

$$\Omega_c = \Omega_p = 0.2\pi \text{ rad/s}$$

2 阶 Butterworth 低通滤波器的系统函数为

$$H(s) = \frac{1}{\left(\frac{s}{\Omega_c}\right)^2 + \sqrt{2}\left(\frac{s}{\Omega_c}\right) + 1} = \frac{0.3948}{s^2 + 0.8886s + 0.3948}$$

$$= 0.8886 \times \frac{0.4443}{(s + 0.4443)^2 + 0.4443^2}$$

(3) 利用冲激响应不变法将模拟低通滤波器转换为数字低通滤波器

$$H(z) = 0.8886 \times \frac{e^{-0.4443}(\sin 0.4443)z^{-1}}{1 - 2e^{-0.4443}(\cos 0.4443)z^{-1} + e^{-0.8886}z^{-2}}$$

$$= \frac{0.2449z^{-1}}{1 - 1.1580z^{-1} + 0.4112z^{-2}}$$

18. 利用双线性变化法，将下列模拟滤波器转换成数字滤波器，设 $T=1$ s。

(1) $H_1(s) = \dfrac{2}{(s+1)(s+4)}$

(2) $H_2(s) = \dfrac{2s}{s^2 + 0.2s + 1}$

$(3)H_3(s) = \dfrac{s^3}{(s+1)(s^2+s+1)}$

【解】

$(1)H_1(z)=H_1(s)\big|_{s=2\frac{1-z^{-1}}{1+z^{-1}}} = \dfrac{2}{\left(2\dfrac{1-z^{-1}}{1+z^{-1}}+1\right)\left(2\dfrac{1-z^{-1}}{1+z^{-1}}+4\right)} = \dfrac{\dfrac{1}{9}(1+z^{-1})^2}{1-\dfrac{1}{9}z^{-2}}$

$(2)H_2(z)=H_2(s)\big|_{s=2\frac{1-z^{-1}}{1+z^{-1}}} = \dfrac{4\dfrac{1-z^{-1}}{1+z^{-1}}}{4\left(\dfrac{1-z^{-1}}{1+z^{-1}}\right)^2+0.2\dfrac{1-z^{-1}}{1+z^{-1}}+1} = \dfrac{\dfrac{20}{27}(1-z^{-1})^2}{1-\dfrac{10}{9}z^{-1}+\dfrac{23}{27}z^{-2}}$

$(3)H_3(z)=H_3(s)\big|_{s=2\frac{1-z^{-1}}{1+z^{-1}}} = \dfrac{\dfrac{8}{21}(1-z^{-1})^3}{1-\dfrac{25}{21}z^{-1}+\dfrac{5}{7}z^{-2}-\dfrac{1}{7}z^{-3}}$

19. 在实际中,可通过附图 25 所示系统来实现一个模拟滤波器。设要实现的模拟低通滤波器 $H(s)$ 的指标为

$$f_p=1.2 \text{ kHz}, \quad A_p\leqslant 3 \text{ dB}, \quad f_s=2 \text{ kHz}, \quad A_s\geqslant 15 \text{ dB}$$

(1) 如果系统的抽样频率 $f_{sam}=8 \text{ kHz}$,试确定图中数字滤波器 $H(z)$ 的设计指标,使得如图所示系统能和模拟低通滤波器 $H(s)$ 等价;

(2) 用双线性变换法,设计满足(1)中指标的 Butterworth 型数字低通滤波器(设 $T=2$ s)。

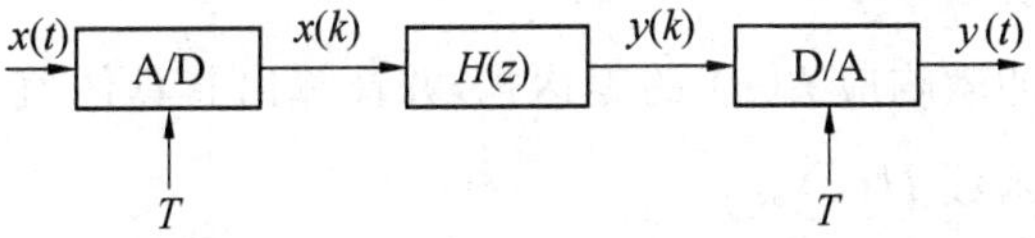

附图 25　题 19 模拟低通滤波器设计

【解】　(1) 等效数字滤波器的频率指标

$$\omega_p=\dfrac{2\pi f_p}{f_{sam}}=0.3\pi \text{ rad}, \quad \omega_s=\dfrac{2\pi f_s}{f_{sam}}=0.5\pi \text{ rad}$$

(2) $T=2$ s,则设计数字滤波器所需模拟滤波器频率指标为

$$\Omega_p=\tan\dfrac{\omega_p}{2}=0.5095 \text{ rad/s}, \quad \Omega_s=\tan\dfrac{\omega_s}{2}=1 \text{ rad/s}$$

由于在 Ω_p 处衰减是 3 dB,故 Ω_p 与 Ω_c 恰好相等,即 $\Omega_c=\Omega_p=0.5095$ rad/s

$$N\geqslant \dfrac{\lg\dfrac{10^{0.1A_p}-1}{10^{0.1A_s}-1}}{2\lg\dfrac{\Omega_p}{\Omega_s}}\approx 2.5,选取 N=3$$

$$H(s) = \frac{1}{\left(\dfrac{s}{\Omega_c}\right)^3 + 2\left(\dfrac{s}{\Omega_c}\right)^2 + 2\left(\dfrac{s}{\Omega_c}\right) + 1} = \frac{1}{s^3 + 1.019\ 1s^2 + 0.519\ 2s + 0.132\ 3}$$

由双线性变换得

$$H(z) = \frac{0.049\ 5\ (1 + z^{-1})^3}{1 - 1.161\ 9z^{-1} + 0.695\ 9z^{-2} - 0.137\ 8z^{-3}}$$

20.已知8阶偶对称线性相位FIR滤波器的部分零点为 $z_1 = 2, z_2 = j0.5, z_3 = j$。

(1) 试确定该滤波器的其他零点;

(2) 设 $h(0) = 1$,求出该滤波器的系统函数 $H(z)$。

【解】 (1) $z_4 = \dfrac{1}{z_1} = \dfrac{1}{2}$, $z_5 = \dfrac{1}{z_2} = -j2$, $z_6 = z_2^* = -j0.5$, $z_7 = z_5^* = j2$, $z_8 = \dfrac{1}{z_3} = -j$

(2) $H(z) = \displaystyle\prod_{k=1}^{8} (1 - z^{-1} z_k)$

$\qquad = 1 + z^{-8} - 2.5(z^{-1} + z^{-7}) + 6.25(z^{-2} + z^{-6}) - 13.125(z^{-3} + z^{-5}) +$

$\qquad 10.5z^{-4}$

21.试用矩形窗函数法设计一个线性相位FIR低通数字滤波器,其在 $\omega \in [-\pi, \pi)$ 内的频率响应为

$$H_d(e^{j\omega}) = \begin{cases} e^{-j3\omega} & (|\omega| \leqslant \dfrac{\pi}{2}) \\ 0 & (其他) \end{cases}$$

(1) 确定滤波器的阶数 M;

(2) 求滤波器单位冲激响应 $h(n)$ 的表达式,并计算出其具体值;

(3) 求滤波器系统函数 $H(z)$。

【解】 (1) 由 $\dfrac{N-1}{2} = 3$ 求得 $N = 7$,所以滤波器阶数为 $N-1 = 6$ 阶。

(2) 根据 IDTFT 可得滤波器单位冲激响应 $h(n)$ 为

$$h_d(n) = \frac{1}{2\pi} \int_{-\pi}^{\pi} H_d(e^{j\omega}) e^{j\omega n} d\omega = \frac{1}{2\pi} \left[\int_{-\pi/2}^{\pi/2} e^{(n-3)\omega} d\omega \right]$$

$$= \frac{1}{2\pi j(n-3)} (e^{j\frac{(n-3)\pi}{2}} - e^{-j\frac{(n-3)\pi}{2}}) = \frac{\sin\dfrac{(n-3)\pi}{2}}{\pi(n-3)}$$

$h(n) = 0.5 Sa\left[\dfrac{(n-3)\pi}{2}\right]$

$\qquad = \left\{ -\dfrac{1}{3\pi}, 0, \dfrac{1}{\pi}, 0.5, \dfrac{1}{\pi}, 0, -\dfrac{1}{3\pi}; n = 0, 1, \cdots, 6 \right\}$

$\qquad = \{ -0.106\ 1, 0, 0.318\ 3, 0.5, 0.318\ 3, 0, -0.106\ 1; n = 0, 1, \cdots, 6 \}$

(3) 由数字滤波器的单位冲激响应 $h(n)$ 的 Z 变换,可得 FIR 滤波器系统函数 $H(z)$ 为

$$H(z) = -0.106\,1(1-z^{-6}) + 0.318\,3(z^{-2}+z^{-4}) + 0.5z^{-3}$$

22. 试用频率抽样法设计 FIR 低通数字滤波器,其在 $\omega \in [-\pi, \pi)$ 内的理想幅度函数为

$$A_d(\omega) = \begin{cases} 1 & \left(|\omega| \leqslant \dfrac{3\pi}{7}\right) \\ 0 & (\text{其他}) \end{cases}$$

求出 6 阶线性相位 FIR 系统的 $h(n)$ 和 $H(z)$。

【解】　由 FIR 系统的阶数为 6 阶,可求得 $N=7$,抽样点为 $\left\{\omega_k = \dfrac{2\pi k}{7}, k=0,1,\cdots,6\right\}$。

由

$$H_d(k) = \mathrm{e}^{-\mathrm{j}\frac{N-1}{N}\pi k} A_d\left(\frac{2\pi k}{7}\right)$$

可得 $H_d(k)$ 在 $0 \leqslant k \leqslant 3$ 范围内的值为

$$H_d(0) = A_d(0) = 1$$

$$H_d(1) = \mathrm{e}^{-\mathrm{j}\frac{6\pi}{7}} A_d\left(\frac{2\pi}{7}\right) = \mathrm{e}^{-\frac{6\pi}{7}}$$

$$H_d(2) = \mathrm{e}^{-\mathrm{j}\frac{12\pi}{7}} A_d\left(\frac{4\pi}{7}\right) = 0$$

$$H_d(3) = \mathrm{e}^{-\mathrm{j}\frac{18\pi}{7}} A_d\left(\frac{6\pi}{7}\right) = 0$$

由共轭对称关系可得 $H_d(k)$ 在 $4 \leqslant k \leqslant 6$ 范围内的值为

$$H_d(6) = H_d(7-1) = H_d^*(1) = \mathrm{e}^{\mathrm{j}\frac{6\pi}{7}}$$

$$H_d(5) = H_d(7-2) = H_d^*(2) = 0$$

$$H_d(4) = H_d(7-3) = H_d^*(3) = 0$$

对 $H_d(k)$ 做 7 点的 IDFT,可得 $h(n)$ 为

$$h(n) = \frac{1}{7}\sum_{k=0}^{6} H_d(k) W_7^{-nk} = \frac{1}{7}\left(1 + \mathrm{e}^{-\mathrm{j}\frac{6\pi}{7}}\mathrm{e}^{\mathrm{j}\frac{2\pi}{7}k} + \mathrm{e}^{\mathrm{j}\frac{6\pi}{7}}\mathrm{e}^{\mathrm{j}\frac{12\pi}{7}k}\right)$$

$$= \frac{1}{7}(1 + \mathrm{e}^{-\mathrm{j}\frac{6\pi}{7}}\mathrm{e}^{\mathrm{j}\frac{2\pi}{7}k} + \mathrm{e}^{\mathrm{j}\frac{6\pi}{7}}\mathrm{e}^{-\mathrm{j}\frac{14\pi}{7}k}\mathrm{e}^{\mathrm{j}\frac{12\pi}{7}k})$$

$$= \frac{1}{7}(1 + \mathrm{e}^{\mathrm{j}\frac{2\pi}{7}(k-3)} + \mathrm{e}^{-\mathrm{j}\frac{2\pi}{7}(k-3)}) = \frac{1}{7} + \frac{2}{7}\cos\left[\frac{2\pi}{7}(k-3)\right]$$

$$= \{-0.114\,6, 0.079\,3, 0.321\,0, 0.428\,6, 0.321\,0, 0.079\,3, -0.114\,6\}$$

$$H(z) = -0.114\,6(1+z^{-6}) + 0.079\,3(z^{-1}+z^{-5}) + 0.321\,0(z^{-2}+z^{-4}) + 0.428\,6z^{-3}$$

23. 设 $h_1(n)$ 为一时域离散线性相位低通滤波器的冲激响应,若另一滤波器 $h_2(n) = (-1)^n h_1(n)$,该滤波器 $h_2(n)$ 是否为低通滤波器?

【解】　根据 DTFT 的定义有

$$H_1(e^{j\omega}) = \sum_{n=-\infty}^{+\infty} h_1(n)e^{-j\omega n}$$

又因为 $h_2(n) = (-1)^n h_1(n) = h_1(n)e^{jn\pi}$，所以有

$$H_2(e^{j\omega}) = \sum_{n=-\infty}^{+\infty} h_2(n)e^{-j\omega n} = \sum_{n=-\infty}^{+\infty} h_1(n)e^{-j\omega n} \cdot e^{jn\pi}$$

$$= \sum_{n=-\infty}^{+\infty} h_1(n)e^{-jn(\omega-\pi)} = H_1(e^{j(\omega-\pi)})$$

即

$$|H_2(e^{j\omega})| = |H_1(e^{j(\omega-\pi)})|$$

由此可见，$h_2(n)$ 的频谱相对于 $h_1(n)$ 平移了 π。由于 $h_1(n)$ 为低通滤波器，则 $h_2(n)$ 为高通滤波器。

24. 一个线性移不变系统的系统函数为

$$H(z) = \frac{1+1.2z^{-1}}{1+0.1z^{-1}-0.06z^{-2}}$$

(1) 写出该系统的差分方程；

(2) 该系统是 IIR 系统还是 FIR 系统？

(3) 画出该系统的级联型网络结构。

【解】 (1) 由题意知

$$H(z) = \frac{Y(z)}{X(z)} = \frac{1+1.2z^{-1}}{1+0.1z^{-1}-0.06z^{-2}}$$

故有

$$Y(z) + 0.1z^{-1}Y(z) - 0.06z^{-2}Y(z) = X(z) + 1.2z^{-1}X(z)$$

做逆 Z 变换，可得系统的差分方程为

$$y(n) + 0.1y(n-1) - 0.06y(n-2) = x(n) + 1.2x(n-1)$$

(2) 由于 $H(z)$ 的分母不为常数，故该系统为 IIR 系统。

(3) 系统函数可整理为

$$H(z) = \frac{1+1.2z^{-1}}{1+0.1z^{-1}-0.06z^{-2}} = \frac{1.2z^{-1}+1}{(0.3z^{-1}+1)(-0.2z^{-1}+1)}$$

由上式可得系统级联型网络结构如附图 26 所示。

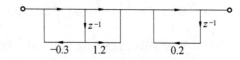

附图 26　题 24 级联型网络结构

25. 某系统单位冲激响应 $h(n)$ 和它的 Z 变换符合下列条件：

(1) $h(n)$ 是实因果序列；

(2) $H(z)$ 有两个极点；

(3) $H(z)$ 有两个零点位于坐标原点；

(4) $H(z)$ 的一个极点是 $z = \dfrac{1}{3}\mathrm{e}^{\mathrm{j}\frac{\pi}{3}}$；

(5) $H(1) = 9$。

求：

(1) $H(z)$ 及收敛域；

(2) 写出对应的差分方程；

(3) 画出系统的直接 Ⅱ 型结构框图。

【解】　(1) 由题意知，$h(n)$ 是实因果序列，所以 $H(z)$ 的极点共轭对称，$H(z)$ 的另外一个极点为 $\dfrac{1}{3}\mathrm{e}^{-\mathrm{j}\frac{\pi}{3}}$。综合条件(1)、(2)、(3) 和(4)，可以设

$$H(z) = k \cdot \frac{z^2}{\left(z - \dfrac{1}{3}\mathrm{e}^{\mathrm{j}\frac{\pi}{3}}\right)\left(z - \dfrac{1}{3}\mathrm{e}^{-\mathrm{j}\frac{\pi}{3}}\right)} = \frac{kz^2}{z^2 - \dfrac{1}{3}z + \dfrac{1}{9}}$$

根据 $H(1) = 9$，可得

$$\frac{k}{1 - \dfrac{1}{3} + \dfrac{1}{9}} = 9$$

解得 $k = 7$。因此有

$$H(z) = \frac{7z^2}{z^2 - \dfrac{1}{3}z + \dfrac{1}{9}}$$

$h(n)$ 是实因果序列，所以收敛域为

$$|z| > \left|\frac{1}{3}\mathrm{e}^{\frac{\pi}{3}}\right| = \frac{1}{3}$$

(2) 根据系统函数

$$H(z) = \frac{Y(z)}{X(z)} = \frac{7z^2}{z^2 - \dfrac{1}{3}z + \dfrac{1}{9}} = \frac{7}{1 - \dfrac{1}{3}z^{-1} + \dfrac{1}{9}z^{-2}}$$

得

$$y(n) - \frac{1}{3}y(n-1) + \frac{1}{9}y(n-2) = 7x(n)$$

所以系统差分方程为

$$y(n) = 7x(n) + \frac{1}{3}y(n-1) - \frac{1}{9}y(n-2)$$

(3) 根据题意及以上分析，可画出系统直接 Ⅱ 型结构框图如附图 27 所示。

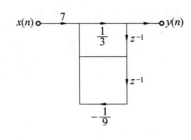

附图 27　题 25 直接 Ⅱ 型结构框图

26.已知一个模拟系统的传输函数为 $H_a(s) = \dfrac{1}{s}$,试用双线性变换法将其变换为数字系统(设 $T=2$)。

(1) 求数字系统的系统函数 $H(z)$ 和单位冲激响应 $h(n)$;

(2) 写出数字系统的差分方程,并分析根据差分方程实现该系统会出现什么问题;

(3) 求数字系统的频率响应 $H(e^{j\omega})$,且在什么条件下 $H(e^{j\omega})$ 是模拟系统频率响应 $H_a(j\Omega)$ 的良好逼近?

【解】　(1) 在双线性变换中,有

$$s = \frac{2}{T}\frac{z-1}{z+1} = \frac{z-1}{z+1}$$

代入 $H_a(s)$ 得

$$H(z) = \frac{z+1}{z-1} = \frac{1+z^{-1}}{1-z^{-1}}$$

整理得

$$H(z) = \frac{1}{1-z^{-1}} + \frac{z^{-1}}{1-z^{-1}}$$

于是有

$$h(n) = Z^{-1}\big[H(z)\big] = u(n) + u(n+1)$$

(2) 由 $H(z)$ 的表达式可得差分方程为

$$y(n) = y(n-1) + x(n) + x(n-1)$$

根据 $H(z) = \dfrac{z+1}{z-1}$ 可知,系统的极点为 $z=1$,它位于单位圆上。

若系统是因果的,则系统函数的收敛域是半径大于 1 的圆外区域,也就是说,收敛域不包括单位圆,因此此时的系统是不稳定的。

(3) 数字系统的频率响应为

$$H(e^{j\omega}) = \frac{1 + e^{-j\omega}}{1 - e^{-j\omega}} = j\,\frac{1}{\tan\omega}$$

因此,数字系统的幅频响应和原模拟系统的幅频响应分别为

$$\left| H(\mathrm{e}^{\mathrm{j}\omega}) \right| = \left| \frac{1}{\tan\omega} \right|$$

$$\left| H_{\mathrm{a}}(\mathrm{j}\Omega) \right| = \left| \frac{1}{\Omega} \right|$$

画出数字系统和模拟系统的幅频响应如附图 28 所示。

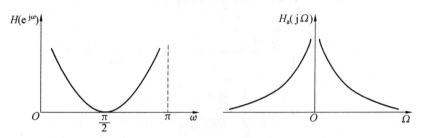

附图 28　题 26 幅频响应

27. 已知 RC 模拟滤波器网络如附图 29 所示,试求:

(1) 利用双线性变换法将该模拟滤波器转换为数字滤波器,要求给出该数字滤波器的系统函数,并画出它的网络结构;

(2) 分析该数字滤波器的频率特性相对原模拟滤波器的频率特性是否失真,为什么?

(3) 能否用冲激响应不变法将该模拟滤波器转化为数字滤波器,为什么?

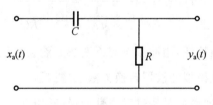

附图 29　题 27 模拟滤波器

【解】　(1) 由题图可得

$$H_{\mathrm{a}}(s) = \frac{R}{R + \dfrac{1}{sC}} = \frac{s}{s + \dfrac{1}{RC}}$$

由双线性变换可得数字滤波器的系统函数为

$$H(z) = H_{\mathrm{a}}(s) \big|_{s = \frac{2}{T} \times \frac{1 - z^{-1}}{1 + z^{-1}}}$$

$$= \frac{\dfrac{2}{T} \times \dfrac{1 - z^{-1}}{1 + z^{-1}}}{\dfrac{2}{T} \times \dfrac{1 - z^{-1}}{1 + z^{-1}} + \dfrac{1}{RC}}$$

所以得

$$H(z) = \frac{1}{\dfrac{T}{2RC} + 1} \cdot \frac{1 - z^{-1}}{1 + \dfrac{\dfrac{T}{2RC} - 1}{\dfrac{T}{2RC} + 1} z^{-1}}$$

这样,可画出数字滤波器的网络结构图如附图 30 所示。

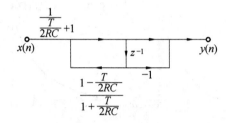

附图 30 题 27 网络结构图

（2）双线性变换法在幅频响应不是常数时不能直接运用,否则会产生幅度失真。另外,在模拟域一个 RC 滤波网络,用双线性变换法转换成数字滤波器后,可以用两个乘法器和一个单位延时器来实现。

（3）由题意知

$$H_a(j\Omega) = \frac{R}{R + \dfrac{1}{j\Omega C}} = \frac{j\Omega}{j\Omega + \dfrac{1}{RC}}$$

可以看出系统具有高通特性,用冲激响应不变法必然会产生严重的频率混叠失真,所以不能用脉冲响应不变法将该模拟滤波器转换为数字滤波器。

28.下面的因果数字传递函数是通过双线性变换（其中 $T = 2$）方法变换得到的,试分别求出它们各自对应的模拟传递函数 $H_a(z)$ 和 $H_b(z)$：

(1) $G_a(z) = \dfrac{5z^2 + 4z - 1}{8z^2 + 4z}$

(2) $G_b(z) = \dfrac{8(z^3 + 3z^2 + 3z + 1)}{(3z + 1)(7z^2 + 6z + 3)}$

【解】 （1）根据双线性变换公式：

$$s = \frac{2}{T} \cdot \frac{1 - z^{-1}}{1 + z^{-1}}$$

由于 $T = 2$,因此可得

$$z = \frac{1 + \dfrac{T}{2}s}{1 - \dfrac{T}{2}s} = \frac{1 + s}{1 - s}$$

代入传递函数,则有

$$H_a(s) = G_a(z)\big|_{z=\frac{1+s}{1-s}} = \frac{5 \times \left(\frac{1+s}{1-s}\right)^2 + 4 \times \left(\frac{1+s}{1-s}\right) - 1}{8 \times \left(\frac{1+s}{1-s}\right)^2 + 4 \times \left(\frac{1+s}{1-s}\right)}$$

$$= \frac{5(1+s)^2 + 4(1+s)(1-s) - (1-s)^2}{8(1+s)^2 + 4(1+s)(1-s)} = \frac{3s+2}{s^2+4s+3}$$

（2）由（1）可知

$$H_b(s) = G_b(z)\big|_{z=\frac{1+s}{1-s}} = \frac{8 \times \left(\frac{1+s}{1-s}+1\right)^3}{\left(3 \times \frac{1+s}{1-s}+1\right)\left[7 \times \left(\frac{1+s}{1-s}\right)^2 + 6 \times \left(\frac{1+s}{1-s}\right) + 3\right]}$$

$$= \frac{8}{(s+2)(s^2+2s+4)}$$

29. 用双线性变换法设计一个数字低通 Butterworth 滤波器，抽样频率为 $f_s = 25\ \text{kHz}$，$-3\ \text{dB}$ 频率为 $1\ \text{kHz}$，在 $12\ \text{kHz}$ 处阻带衰减为 $-30\ \text{dB}$。求其差分方程，并画出滤波器的幅频响应。

【解】 模拟截止频率为

$$f_{p1} = 1\ 000\ \text{Hz}, \quad f_{s1} = 12\ 000\ \text{Hz}, \quad A_p = 3\ \text{dB}, \quad A_s = 30\ \text{dB}$$

数字截止频率为

$$\omega_{p1} = 2\pi \frac{f_{p1}}{f_s} = 2\pi \frac{1\ 000}{25\ 000} = 0.08\pi\ (\text{rad})$$

$$\omega_{s1} = 2\pi \frac{f_{s1}}{f_s} = 2\pi \frac{12\ 000}{25\ 000} = 0.96\pi\ (\text{rad})$$

预畸变模拟截止频率为

$$\Omega_{p1} = 2f_s \tan \frac{\omega_{p1}}{2} = 6\ 316.5\ \text{rad/s}$$

$$\Omega_{s1} = 2f_s \tan \frac{\omega_{s1}}{2} = 794\ 727.2\ \text{rad/s}$$

求得 ε 为

$$\varepsilon = \sqrt{10^{0.1A_p} - 1} = \sqrt{10^{0.1 \times 3} - 1} = 1$$

所需滤波器阶数为

$$N \geqslant \frac{\lg \dfrac{10^{0.1A_s} - 1}{\varepsilon^2}}{2\lg \dfrac{\Omega_{s1}}{\Omega_{p1}}} = \frac{\lg(10^{0.1 \times 30} - 1)}{2\lg \dfrac{794\ 727.2}{6\ 316.5}} = 0.714\ 3$$

因此，一阶 Butterworth 滤波器就足以满足要求。一阶 Butterworth 滤波器的传输函数为

$$H(s) = \frac{\Omega_{p1}}{s + \Omega_{p1}} = \frac{6\ 316.5}{s + 6\ 316.5}$$

用 $s = 2f_s \dfrac{z-1}{z+1}$ 定义的双线性变换得到数字滤波器的传输函数为

$$H(z) = \frac{6\ 316.5}{50\ 000\ \dfrac{z-1}{z+1} + 6\ 316.5} = \frac{6\ 316.5(z+1)}{50\ 000(z-1) + 6\ 316.5(z+1)} = \frac{0.112\ 2(1 + z^{-1})}{1 - 0.775\ 7z^{-1}}$$

因此,差分方程为

$$y(n) = 0.775\ 7y(n-1) + 0.112\ 2x(n) + 0.112\ 2x(n-1)$$

将 $H(z)$ 中的 z 用 $e^{j\omega}$ 代替,可得频率响应为

$$H(e^{j\omega}) = \frac{0.112\ 2(1 + e^{-j\omega})}{1 - 0.775\ 7e^{-j\omega}}$$

由上式可以计算任意 ω 值的幅度和相位。注意滤波器通带(增益大于 0.707)内的相位响应是非线性的。

$$|H(e^{j\omega})| = \frac{0.112\ 2\sqrt{2 + 2\cos\omega}}{\sqrt{1.601\ 7 - 1.551\ 4\cos\omega}}$$

$$\arg(H(e^{j\omega})) = \arctan\left(-\frac{1.775\ 7\sin\omega}{0.224\ 3 + 0.224\ 3\cos\omega}\right)$$

由以上介绍得幅频响应和相频响应如附图 31 所示。

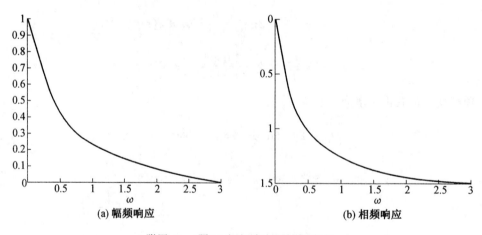

(a) 幅频响应 (b) 相频响应

附图 31   题 29 幅频响应和相频响应

30.某系统的单位冲激响应 $h(n) = \delta(n) + \delta(n-1)$,系统频率响应函数是 $H(e^{j\omega}) = |H(e^{j\omega})|e^{j\varphi(\omega)}$。如把该系统用作一个 FIR 滤波器,按惯例要把它写成幅度函数和相位函数的形式,即 $H(e^{j\omega}) = H(\omega)e^{j\theta(\omega)}$。

(1) 分别写出 $|H(e^{j\omega})|$、$H(\omega)$、$\varphi(\omega)$ 和 $\theta(\omega)$ 的数学表达式,并分别画出它们随 ω 变化的曲线 $\omega: 0 \sim 2\pi$;

(2) 两者的主要区别是什么?

【解】 (1) 因为 $h(n) = \delta(n) + \delta(n-1)$,得

$$H(z) = Z[h(n)] = 1 + z^{-1}$$

又因为

$$H(e^{j\omega}) = H(z)\big|_{z=e^{j\omega}} = 1 + e^{-j\omega} = 1 + \cos\omega - j\sin\omega$$

故

$$\left| H(e^{j\omega}) \right| = \sqrt{(1+\cos\omega)^2 + \sin^2\omega}$$

$$= \sqrt{2(1+\cos\omega)} = 2\left| \cos\frac{\omega}{2} \right|$$

$$\varphi(\omega) = \arctan\frac{-\sin\omega}{1+\cos\omega} = \arctan\left(-\tan\frac{\omega}{2}\right)$$

$$H(e^{j\omega}) = 1 + e^{-j\omega} = e^{-j\frac{\omega}{2}}(e^{j\frac{\omega}{2}} + e^{-j\frac{\omega}{2}}) = 2\cos\frac{\omega}{2}e^{-j\frac{\omega}{2}}$$

$$H(\omega) = 2\cos\frac{\omega}{2}, \quad \theta(\omega) = -\frac{\omega}{2}$$

$H(\omega)$ 随 ω 变换的曲线 $\omega:0 \sim 2\pi$ 如附图 32 所示,$\left| H(e^{j\omega}) \right|$ 随 ω 变换的曲线 $\omega:0 \sim 2\pi$ 如附图 33 所示。

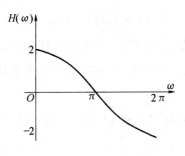

附图 32　题 30 $H(\omega)$

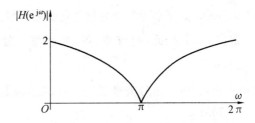

附图 33　题 30 $\left| H(e^{j\omega}) \right|$

参 考 文 献

[1] 程佩青. 数字信号处理教程[M]. 4 版. 北京:清华大学出版社,2013.

[2] 程佩青. 数字信号处理教程习题分析与解答[M]. 2 版. 北京:清华大学出版社,2002.

[3] 张小虹. 数字信号处理学习指导与习题解答[M]. 2 版. 北京:机械工业出版社,2010.

[4] 姚天任. 数字信号处理学习指导与题解[M]. 武汉:华中科技大学出版社,2002.

[5] 丁玉美,高西全. 数字信号处理[M]. 2 版. 西安:西安电子科技大学出版社,2003.

[6] 高西全,丁玉美. 数字信号处理学习指导[M]. 2 版. 西安:西安电子科技大学出版社,
2002.

[7] 谢红梅. 数字信号处理[M]. 西安:西北工业大学出版社,2001.

[8] 谢红梅,赵建. 数字信号处理——常见题型解析及模拟题[M]. 西安:西北工业大学出版社,2001.

[9] 胡广书. 数字信号处理——理论、算法与实现[M]. 2 版. 北京:清华大学出版社,2003.

[10] 胡广书. 数字信号处理题解及电子课件[M]. 北京:清华大学出版社,2007.

[11] 金圣才. 数字信号处理名校考研真题详解[M]. 北京:中国水利水电出版社,2010.

[12] 宿富林,冀振元,赵雅琴,等. 数字信号处理[M]. 哈尔滨:哈尔滨工业大学出版社,
2012.

[13] 陈怀琛. 数字信号处理教程——Matlab 释义与实现[M]. 3 版. 北京:电子工业出版社,2013.

[14] INGLE V K,PROAKIS J G. 数字信号处理及其 MATLAB 实现[M]. 陈怀琛,王朝英,高西全,等译. 北京:电子工业出版社,1998.

[15] 奥本海姆,谢弗. 离散时间信号处理[M]. 黄建国,刘树棠,译. 北京:科学出版社,2000.

[16] LYONS R G. 数字信号处理[M]. 朱光明,程建远,刘保童,等译. 2 版. 北京:机械工业出版社,2006.

[17] 陈后金. 数字信号处理学习指导与习题精解[M]. 北京:高等教育出版社,2005.

[18] 程佩青. 数字信号处理教程习题分析与解答[M]. 5 版. 北京:清华大学出版社,2018.

[19] 王仕奎. 考研专业课真题必练——数字信号处理[M]. 北京:北京邮电大学出版社,
2020.